나이 들수록 돋보이는

명문가의
피부미인 비결

나이 들수록 돋보이는

명문가의 피부미인 비결

초판 1쇄 발행 2022년 7월 1일

지은이 박명기
펴낸이 이기봉
편집 좋은땅 편집팀
펴낸곳 도서출판 좋은땅
주소 서울특별시 마포구 양화로12길 26 지월드빌딩 (서교동 395-7)
전화 02)374-8616~7
팩스 02)374-8614
이메일 gworldbook@naver.com
홈페이지 www.g-world.co.kr

ISBN 979-11-388-1104-0 (03590)

나이 들수록 돋보이는

명문가의 피부미인 비결

박명기 지음

좋은땅

• 朝鮮의 미안수(美顔水) •

조선 시대에는 집집마다 고유한 가양주(家釀酒)가 있었고, 지체 높은 집안에는 나름의 재료와 방법으로 빚은 미안수(美顔水)가 있었지요.

화학물질이 전혀 없던 조선 시대에는 새순, 들꽃, 열매, 약초 같은 자연물의 성질을 정확히 파악해서 효능을 살리는 독특한 방법으로 미안수를 만들어 사용했습니다.

일본 화장품사(史)를 뒤지다 보면 임진왜란 이후 일본에서 새로 만든 화장품 '아시타노쯔유(朝の露)'를 크게 선전하는 기록이 나옵니다. 자세히 읽어 보면 '朝鮮の優れた技術で作られた化粧品(조선의 빼어난 기술로 만든 화장품)'이라는 설명어가 붙어 있습니다.

고려 시대부터 조선 시대에 걸쳐 한반도에서 만들어지던 '자연물 화장수'가 중국이나 일본에까지 이름을 떨쳤다는 기록을 어렵지 않게 찾아볼 수 있습니다.

반면 고대부터 근대에 이르기까지 유럽이나 중동의 화장품은 공작석, 터키옥, 숯, 납(鑞) 같은 광물질, 황화안티몬, 계면활성제(붕사) 등을 사용한 것으로 심한 부작용의 기록도 볼 수 있습니다. 엘리자베스 1세의 '베니스분(Venice Powder)' 중독이 그 대표적인 예입니다.

1920년대 우리나라에도 화학물질로 만든 화장품 '박가분'이 처음으로 등장합니다. 처음에는 날개 달린 듯 팔렸지만, 바르면 바를수록 부작용이 생겼고, 피부에 잘 흡수되어 화장이 잘 먹지만 납 중독으로 피부를 망친다는 사실이 드러납니다.

"얼굴색은 푸르게 변했고 살은 썩어 들어 갔으며 정신이 혼미해지"는 심각한 부작용과 그에 따른 고소의 기록이 뒤따릅니다.

오늘날의 화학화장품들은 계면활성제, 프탈레이트, 합성폴리머 등을 사용해서 눈길을 끄는 화려한 외형과 강렬한 향으로 눈길을 끌지만, 맑고 탄력 있는 피부를 유지한다는 화장품 본래의 목적과는 점점 거리가 멀어져서 오히려 피부를 상하게 하는 복잡한 화학물질 덩어리가 되어 버렸습니다.

조선 시대의 미안수는 약성 식물의 성질과 효능을 정확히 파악해서 정성과 시간으로 빚은 화학물질 없던 시대의 자연물 화장수입니다. '들꽃연구소'에서는 조선 시대 지체 높은 집안에 전해 오던 미안수의 재료 식물들의 숙성, 배합 방법을 바탕으로 현대적인 해석을 시도했습니다.

피부 성질에 따른 효능 식물의 농도 조절, 촉촉한 발림성이 있는 식물성분(천연폴리머)과, 방부제를 사용하지 않고도 장시간 보존하는 방법 등을 찾아서 오랜 시간의 연구 끝에 바르면 바를수록 좋아지는 화학물질 없는 '들꽃화장수'를 출시하였습니다.

연구 기간 동안 테스터로서 도움을 주셨던 분들께 감사드립니다. 피부에 유의미하고 긍정적인 변화가 있다며 보내 주셨던 기쁜 소식들이 큰 힘이었습니다. 이런저런 지적들 또한 큰 힘이었습니다.

차례

제1장
‘들꽃화장수’

‘들꽃화장수’는 깊은 산, 외딴 섬에서 채취한 들꽃과 약초들의 약성과 효능을 정확히 파악해서, 방부제, 계면활성제, 합성폴리머 같은 화학물질을 전혀 사용하지 않고 빚은 ‘식물 재료 화장수’이다. 조선 시대 지체 높은 집안에 전해 오던 화장수를 현대적으로 해석한 것이다.

- 살아 있는 약초와 들꽃들의 효능 성분이 용기 속에서 살아서 계속 숙성되므로 방부제 없이도 부패하지 않는다.
- ‘합성폴리머’로 보습성과 발림성을 개선하지 않았다. 식물 새순의 끈끈하고 촉촉한 물질을 기술적으로 추출해서 천연보습제와 천연 감촉개량제로 사용한 화장수이다.

‘들꽃화장수’는 화사하고 친절한 화학화장품들과는 개념이 다른 불편한 화장수이다.

인스턴트 화장품처럼 간단히 바르면 되는 것이 아니라 원리를 충실히 학습하고 사용해야 하는 슬로푸드 같은 화장수다. 그러나 학습한 만큼 틀림없이 건강한 피부를 유지하고 노화를 지연시키는 화장수이다.

'들꽃화장수'는 유해물질이 든 시중 화장품 사용으로 손상된 피부를 중세별로 치유하는 힘 있는 화장수다.

'들꽃화장수'는 아래 11가지가 출시되었다.

① 트러블해소제

② 트러블해소제 II (심한 트러블용)

③ 탄미제(彈美劑)

④ 윤부제(潤膚劑)

⑤ 지선제(地仙劑)

⑥ 지증제(脂增劑)

⑦ Chao-Rum(바르는 필러)

⑧ 나무그늘

⑨ 눈썹영양제(Long Eyelashes)

⑩ 들꽃純비누

⑪ 식물효능샴푸

1. '트러블해소제'

세안 후 적정량을 트러블 부위에 바른다. 트러블이 심하면 하루 3~4회 이상 트러블 부위에 바른다. 바른 부위가 가렵고, 빨갛게 부풀어 오르는 것은 호전 반응이다.

1) 트러블에 대한 학계의 연구

트러블은 비만, 맹장염, 아토피와 더불어 1950년 이후에야 보고되기 시작한 질병이다. 현재도 문명과 동떨어진 생활을 하는 사람들에게는 이런 질병들이 없다. 그 원인에 관해서는 화학물질과 식품첨가물 때문이라고 추측만 할 뿐, 정확한 치료방법을 모르니 클렌징크림, 스테로이드 등으로 증세를 더 키우는 경우가 많다.

2) 트러블의 주원인으로 지목되는 사항들

(1) 계면활성제에 의한 각질 손상

화장품이나 클렌징류의 계면활성제에 각질이 녹아 버리면서 생기는 미세한 상처를 통해 나쁜 균이 파고들면서 트러블이 생긴다.

(2) 자외선차단제 속에 숨은 화학성분들

① 오일 성분

자외선차단제는 피부 표면에 오랫동안 머물러야 차단력이 지속되므로 오일 성분을 많이 첨가한다. 오일 성분이 피부 표면에 오랫동안 남아 있으면, 피지가 분비되어 나가야 할 모공을 막고, 피부 호흡을 방해하므로 트러블, 여드름을 유발하기도 한다.

② 클렌징크림

세안을 가볍게 하면 오일 성분이 씻기지 않으므로, 많은 양의 클렌징크림을 사용하게 된다. 클렌징크림에 들어 있는 다량의 계면활성제에 각질이 녹으면서 생기는 미세한 상처가 트러블의 큰 원인이 된다.

③ 징크옥사이드, 티타늄디옥사이드

자외선차단제의 주성분인 이 성분들이 트러블의 직접적인 원인으로 추정된다. 미세한 돌가루라 할 수 있는 '티타늄디옥사이드' 같은 성분들이 모공을 막으면서 피부가 붉게 달아오르는 작열감, 트러블 등의 부작용이 생긴다.

(3) 미세먼지

미세먼지가 심한 날 외출 후에 원인 모를 트러블이 생긴다는 사람들이 많다.

원인은 여러 가지겠지만, 큰 원인 중 하나는 미세한 먼지가 모공에 들어박혀서 트러블을 일으키는 것으로 볼 수 있다.

(4) 튀김이나 기름기가 많은 음식

튀김이나 기름기가 많은 음식을 섭취했을 때 모공으로 지방산과 글리세롤이 배출되는데, 잡균들이 침투해 글리세롤만 분해하고 지방산은 남겨 두면서 트러블이 생긴다.

2. '트러블해소제 Ⅱ'(심한 트러블용)

1) 원인 모를 가려움증

원인 모를 가려움증으로 끊임없이 가려울 때 바른다. 처음에는 가려울 때마다 여러 번 바르며, 1~2일 후 가려움이 해결되면 가렵지 않더라도 하루 2~3차례씩, 1주일 정도를 꾸준히 바른다. 화학물질이 없는 식물의 숙성된 효능액이므로 부작용이 없다.

2) 생활습관

- 기름에 튀긴 음식과 구운 고기, 우유, 유제품 등을 피한다.
- 세안 시 계면활성제로 가득한 클렌징류를 사용하지 않는다. '들꽃純비누'나 물세수가 증세 해소에 효과가 있다.
- 보습제, 자외선차단제를 사용하지 않는다! 주성분인 계면활성제, 방부제, 오일, 티타늄다이옥사이드 같은 성분은 피부를 더욱 민감하게 한다.
- 바디로션이나 바디샴푸 같은 화학물질을 사용하지 않는다. 화학물질은 건성 피부를 만들고, 가렵게 한다.
- '트러블해소제 Ⅱ'를 하루에도 몇 번씩 가려울 때마다 바른다! 심한 트러블이라도 생각보다 빠르게 진정된다.

3. '탄미제(彈美劑)'

화장품, 폼클렌징 속에 든 계면활성제에 각질이 녹으면서 트러블과 민감성 피부의 원인이 되는 미세한 상처가 생긴다. 이 상처를 통해 피부의 천연 보습성분이 빠져나가기 때문에 건성 피부가 된다.

'탄미제'를 사용하면, 미세한 상처가 회복되고 천연보습성분이 유지되면서 건성 피부에서 벗어나게 된다. 붓기가 가라앉으면서 맑고 탄탄한 원래의 피부로 회복된다.

1) '탄미제(彈美劑)'

병풀, 차전초, 지모, 월견초는 상처를 빠르게 낫게 하는 식물이다. '탄미제(彈美劑)'는 이 식물들을 개별 숙성하고, 숙성액의 농도, 배합 순서, 피부에 잘 스며드는 방법을 조절해서 빚은 것이다.

『본초강목(本草綱目)』에는 '탄미제(彈美劑)'의 중심 식물에 대해 아래와 같이 설명한다.

> 주치증상: 종기와 심한 부스럼, 陰(음)이 손상되고 살이 괴사되는 것, 胃(위)에 邪氣(사기)가 침입한 것, 부스럼이 잘 낫지 않는 것을 치료한다.

아래와 같은 설명도 덧붙여져 있다.

> 別錄(별록): 피가 나는 구멍에 이르러 그 구멍을 메워서 채우기 때문에

피가 그치게 된다.

2) '탄미제(彈美劑)'의 효능

'탄미제(彈美劑)'를 바르면 리프팅한 것 같이 얼굴이 작아졌다는 사람들이 많다. 피부에 관련된 학술 자료들을 자세히 살펴보면, "여성들의 피부는 대부분 화장품에 든 계면활성제에 각질이 녹아서 모공에 미세한 염증이 생기고, 미세한 붓기가 있는 상태…"와 같은 내용을 발견하게 된다.

이렇게 염증이 있는 피부에 '탄미제'를 사용하면, 미세한 상처가 회복되면서 건성 피부에서 벗어나게 된다. 미세한 상처가 치료되어 붓기가 가라앉으면, 리프팅한 듯 맑고 탄탄한 원래의 피부로 회복된다.

4. '윤부제(潤膚劑)'

메마르고 건조한 피부가 촉촉한 피부로 변합니다.

건조하고, 거칠어진 피부에 윤기가 되살아납니다.

1) 주름과 노화에 관한 동양의학적 해석

① 피부는 기혈(氣血)의 놀이터

기혈(氣血)은 인체 생리의 기초적 대사물질이다. 기혈은 피부를 순행하여 인체의 생리를 운용한다. 기혈이 제대로 소통될 때 피부는 잡티 없이 깨끗이 유지된다.

② 피부는 진액의 윤기를 먹고 사는 곳

진액이 충실하게 차 있으면 피부에 윤기가 드러난다. 윤기는 신장 계통 기능이 왕성하다는 것을 보여 준다. 나이가 들수록 피부가 거칠어지는 것은 진액을 생산하는 신장 기능이 위축되기 때문이다.

2) 주름의 원인(내적요인)

나이가 들수록 신장 기능이 위축되어 진액 생산이 부족해지고, 폐와 기관지가 약해져서 피부에 기혈 공급이 부족하게 된다. 피부는 메마르고 윤기가 떨어지면서 주름이 생긴다.

3) 조선 왕실의 노화해소제

우혈윤부음(牛血潤膚飮)이란 조선 왕실의 여자들이 노화로 생기는 고조소증(枯燥瘙症, 피부가 메마르고, 건조하고, 윤기가 없고 거칠어지면서 가려움증 등이 나타나는 증상)에 대한 대책으로 폐와 기관지, 신장을 보(補)하기 위해 처방받았던 약재다.

4) '윤부제(潤膚劑)'

우혈윤부음(牛血潤膚飮)의 28가지 처방 약재를 개별 숙성해서, 보습, 발림성, 피부 개선 등을 돕는 식물효능액을 배합한 것이다. '윤부제'는 나이가 들면서 건성으로 변해 가던 피부에 촉촉한 기운을 되살아나게 해 준다.

5) 최고의 천연보습인자

시중의 모든 보습화장품의 주원료는 미세한 실리콘의 일종인 프탈레이트로, 외부에서 피부를 축축하게 덮어서 건조감을 덜 느끼게 하는 것에 지나지 않는다.

'윤부제'를 사용하면서 피부의 내부에서 나오는 촉촉한 유분기는 피부 생리학적인 의미에서 효능이 훨씬 좋은 진정한 천연 보습 성분이다!

5. '지선제(地仙劑)'

피부의 거뭇한 얼룩이 단정하게 정리됩니다.
피부톤이 아기 피부처럼 맑고 부드럽게 변합니다.

클레오파트라의 맑은 피부결의 비밀은 상한 나귀 젖이라고 한다. 그녀는 여행길에도 수십 마리의 나귀를 몰고 가서 약간 상한 나귀 젖으로 목욕했다. 약간 상한 나귀 젖에서 나오는 성분이 바로 AHA이다.

지선전(地仙煎)은 조선 시대 지체 높은 집안에서 '유장(whey)'과 은행, 산약, 천궁, 숙지황 등을 숙성시켜서 만들던 약재였다. 이를 발효, 숙성과정을 거쳐 현대적으로 해석한 화장수가 '지선제(地仙劑)'이다. '지선제'는 소의 젖을 발효, 숙성하는 과정에서 나오는 유장을 사용한다는 점에서 클레오파트라의 상한 나귀 젖 미용법과 원리적인 유사점이 있다.

AHA는 각질의 여분 층을 연화시켜 자연 탈락시키고 새 각질이 빨리 돋아나게 해서 아기 피부(Baby face) 효과가 나게 한다. (*각질은 23~25겹 정도가 정상인데 얼굴 각질이 27~28겹일 경우, 2~ 3겹은 여분 층이다!)

AHA의 또 다른 기능은 피부 표면에 엉긴 기미, 잡티와 같은 멜라닌 덩어리를 해소하는 것이다. '지선제'는 피부에 작용하는 힘이 강하므로 골프를 치는 등과 같은 오랜 시간 햇볕에서 활동하는 날 아침에는 사용하지 않고 저녁에만 사용하는 게 좋다. '지선제' 사용으로 피부가 맑고 연하게 변해 있어 평소보다 더 잘 타기 때문이다.

평소에도 보습제를 바르지 않으면 심하게 당길 정도로 악건성, 민감성인 사람은 피부에 미세한 상처가 많다. 화장품이나 클렌징크림 속의 계면활성제가 피부의 보호막인 각질을 녹였기 때문이다. 따라서 미세한 상처 치료용 '탄미제'로 적응 단계를 거치고 난 후 사용해야 제대로 효과를 볼 수 있다.

6. '지증제(脂增劑)' – 지방세포증식제

피부 표면의 미세한 잔주름이 채워집니다.
탄력 있는 피부로 변합니다.

'지증제'는 천연두 자극 해소제로 사용되던 처방(祕方)이었으나 현대에는 천연두에 걸려 곰보가 되는 사람이 없다 보니 용도가 모호해졌다. 그러나 여드름 자국 같은 패인 상처 자국 해소에 독특한 효과가 있다는 것을 발견했다.

천연두나 패인 상처 자국이 해소되는 것은 피부 표면의 지방세포 수가 증식되면서 살이 차오른다는 말이다.

잔주름은 자외선, 오일, 화학물질 등을 과용하면서, 그리고 노화에 따라 피부 표면의 지방세포 수가 감소하면서 생기는 현상이다. '지증제'는 피부의 지방세포 수를 증식시켜서 피부 표면의 노화를 해소한다.

프랑스 '세더마' 사에서 '지증제'의 중심성분인 Anemarrhena asphodeloide라는 식물 추출물에 하이드로제네이트와 폴리이소부텐이란 화학물질을 섞은 보르피린을 만들어서 세계적인 특허를 냈다. '세더마' 사의 임상실험에서 10% 농도액을 2달간 하루 2회 발랐더니 "노출된 부위의 지방분자가 120% 이상 증가할 정도로 탄력성을 강화하는 효과가 뛰어났다"고 발표했다.

- '세더마' 사의 요란한 임상실험 결과와는 달리 보르피린을 첨가한 화장품 사용자들의 반응은 시큰둥하다. 그럴 수밖에 없는 이유는 화장품에는 임상실험에서 사용한 것과 같은 식물에서 추출한 자연물이 아니라 '천연유래원료'라는 화학물질을 사용하기 때문이다.(제9장 '피부용 위험물질 - 화학화장품' 참조) 또한, 실제 첨가량도 보통 0.1~ 2% 정도밖에 되지 않는다.
- '지증제'는 천연두 자국 해소에 사용하던 식물인 Anemarrhena asphodeloide 종 식물을 숙성해 만든, 50% 이상 높은 농도의 식물효

능액이 중심성분이다. '지증제'를 사용한 실험 참가자 다수는 잔주름 해소에 유의미한 효과가 있다는 반응이다. 피부의 지방세포가 증식됨에 따라 탄력 있는 피부로 변했다는 보고가 많다.

7. 'Chao-Reum'(바르는 필러)

1) 콜라겐

콜라겐은 긴 실 형태의 섬유상(纖維狀) 단백질이다. 콜라겐은 피부 진피층 80~90%를 차지하며, 표피가 내려앉지 않도록 지탱하는 역할을 한다.

30대 즈음이면 콜라겐 합성이 줄어들면서 얼굴 윤곽이 변해 간다.

40대부터는 콜라겐 합성이 급격히 줄어들면서 탄력이 떨어지고, 주름이 생기기 시작한다.

콜로이드 형태의 식물성 콜라겐이 충실한 '차오름'은 피부에 균등하게 스며들어 균형 잡힌 얼굴 윤곽 회복에 도움이 된다.

2) 필러의 문제점

필러는 시술 직후에는 마술처럼 얼굴이 차오른 듯하지만, 그로 인해 표정이 사라져 버린 사람들을 매일같이 TV에서 볼 수 있다. 한정된 개수의 침으로 한정된 곳에만 주입하는 시술 후 시간이 흐르면서 '안면 비대칭'

같은 부작용으로 속상해하는 사람도 주변에서 드물지 않게 볼 수 있다.

3) 1달톤(Da) - 머리카락 10만 분의 1의 굵기

입자 크기가 500달톤(Da) 이하면 계면활성제 없이도 피부에 스며든다는 것이 화장품업계의 정설이다. 물이 피부에 스며드는 것도 입자 크기가 500(Da) 이하이기 때문이다.

동물성 콜라겐은 입자 크기가 3000~5000달톤(Da) 내외, 어류 콜라겐도 입자 크기가 2000~3000달톤(Da) 내외이므로 흡수율은 2% 내외이며, 나머지는 장(腸)으로도 흡수되지 못하고 다 배설된다.

4) 식물성 콜라겐이 충실한 '차오름'

입자 크기가 300~400달톤(Da)인 식물성 콜라겐을 계면활성제 없이도 물이 피부에 스며들 듯 피부에 고르게 스며들도록 할 수 있다면 필러의 단점이 해결될 수 있지 않을까?

'차오름'은 식물성 콜라겐이 콜로이드 형태로 충실하니 피부에 쉽게 스며들어 균형 잡힌 얼굴 윤곽을 회복할 수 있지 않을까? 실제로 식물성 콜라겐이 충실한 '차오름' 효능 테스트에 참여한 다수가 유의미한 결과가 있었다는 보고가 계속되었다.

8. '나무그늘'

화학물질을 첨가하지 않은 식물재료 화장수이다.

고욤, 도토리, 녹차, 떫은 감과 같은 탄닌, 카로티노이드를 많이 함유한 식물효능액이 중심성분이다. 약간 당기는 듯한 미세한 식물섬유막이 형성되면서 '나무그늘'처럼 자외선을 가리고, 피부를 보호하는 강한 자외선 차단제이다.

작열감이나 트러블 같은 부작용을 일으키는 원인 성분인 '옥시벤존', '티타늄디옥사이드' 등의 유해 화학 성분을 사용하지 않고, 식물 효능 성분(phytochemicals)만으로 다듬었으므로 민감하고 예민한 피부도 트러블이나 부작용 걱정이 없다.

Non-Oil 제품이다. 가볍고 열감이 없으며, 물 세안만으로 간단히 씻긴다.

기초화장의 마무리단계에 바른다. 햇볕에 장시간 노출 시 2~3시간 간격으로 보충이 필요하다. 색조 위에 사용해도 좋다.

9. '눈썹영양제(Long Eyelashes)'

굴거리나무, 비자열매, 해인초, 정향, 층층나무 등 구리, 아연, 게르마늄, 식이유황 함량이 높은 식물과 해초를 긴 시간에 걸쳐 먼 거리를 오가며 채집하고, 피부에 잘 스며들도록 오랫동안 숙성한 식물효능액으로 '눈썹영양제(Long Eyelashes)'를 만들었다.

선명하고 검은 눈썹으로 자신감을 가지세요!

탈모, 관절염, 고혈압, 비만 같은 이상 현상은 과식이나 나쁜 음식을 먹고 제대로 배설하지 못한 노폐물이 몸에 쌓였거나, 영양(미네랄)의 결핍 때문이라는 자연요법 학자들의 연구논문들이 최근 들어 부쩍 많이 발표된다. 즉, 올바르게 배설하거나, 결핍된 미네랄을 채워 주면 문제가 해결된다는 것이 자연요법의 원리이다.

모발이나 눈썹이 빈약한 경우도 구리, 아연, 게르마늄, 식이유황 같은 몸속 미네랄 몇 가지가 고갈되었기 때문이다.

제약회사에서 나온 미네랄을 먹어도 문제가 해결되지 않는 이유는 그 재료를 광물에서 취했기 때문이다. 광물은 돌과 같은 무기물이며 사람은 무기물을 흡수하지 못한다. 사람의 장이나 피부는 식물이 실뿌리로 흙 속의 무기물을 흡수해서 유기물로 변화시킨 미네랄만을 흡수할 수 있다.

고전 의학에서 다양한 약초를 사용했던 것은 현대에 와서 보면 환자에게 결핍된 미네랄이 들어 있는 식물을 활용한 것으로 보면 된다.

'눈썹영양제(Long Eyelashes)'는 눈썹에 꼭 필요한 미네랄 함유량이 높은 식물들을 통해 결핍된 미네랄을 채워 주면서 눈썹에 생긴 문제를 해결한다.

10. '들꽃純비누'

• 오랜 숙성 기간을 거친 '들꽃純비누'는 세정력과 동시에 촉촉한 보습

력도 있다.

- '들꽃純비누'는 시간이 지날수록 무게가 조금씩 줄어들고 단단하게 변한다.
- '들꽃純비누'는 피부 상태별로 아래 6종이 출시되었다.

① 트러블용 비누 ② 탄미제 비누 ③ 지선제 비누 ④ 모공축소 비누 ⑤ 높은 농도 비누 ⑥ 탈모, 염색 비누

11. '식물효능샴푸'

1) 두피가 더운 현대인

수승화강(水昇火降)은 차가운 기운은 머리로 오르고, 따뜻한 기운은 아래로 내려가야만 건강을 유지할 수 있다는 동양의학의 원리이다.

나쁜 식생활, 나쁜 화학물질 등과 많은 고민에 빠져 사는 현대인은 머리가 더워지면서 건강의 문제 외에도 두피트러블, 탈모 등의 문제를 겪으며 산다.

동양의학은 두피를 논의 바닥처럼, 머리카락을 논에서 자라는 벼처럼 본다. 논바닥이 뜨거우면 벼가 건강하게 살아갈 수 없는 것과 같은 원리로 두피가 더우면 두피에 열꽃이 피며, 모발이 건강하지 못하고 가늘어지면서 탈모가 시작된다.

2) '식물효능샴푸'

'식물효능샴푸'는 부작용이 많은 석유계 합성계면활성제를 사용하지 않는다. 대신 '코코글루코사이드'를 사용한다. 코코넛오일에서 추출한 코코글루코사이드는 위험성이 가장 낮은 수준으로 평가받은 천연계면활성제다. 그 외의 잡다한 화학물질 대신 장시간 숙성시킨 식물효능액을 사용한다.

3) 숙성된 식물효능 성분의 효과

- 박하, 금은화, 소루쟁이, 한련초, 쑥부쟁이 같은 차가운 성질의 식물을 잘 다스린 효능액이 두피의 열을 해소한다.
- 두피트러블을 깨끗하게 해소한다.
- 손상된 모발을 빠르게 회복시킨다.
- 탈모가 진행되면서 가늘어진 모발에 힘이 생기고, 죽어 가는 잠재모공을 살려서 머리카락이 송송 돋아난다.

두피트러블용, 손상 모발용, 힘없는 모발용(탈모용) 3가지가 있다.

제2장

최고 피부미인

Q1. 피부미인의 조건은?

- 세안 후 당기지 않는 피부
- 화장하지 않았는데도 맑게 빛나는 피부
- 나이가 드는데도 노화가 비켜 가는 듯한 피부

Q2. 어디에서 최고 피부미인을 볼 수 있나요?

'들꽃화장수' 사용자, 스님, 재소자 중에서 볼 가능성이 있습니다.

Q3. 들꽃화장수 사용자, 스님, 재소자의 공통점이 있나요?

화장품의 화학물질이 없는 환경입니다. '들꽃화장수'도 그러하지만, 절간이나 교도소는 화장품, 스크럽, 폼클렌징 등을 사용할 수 없는 환경이므로 자연스럽게 계면활성제, 방부제가 피부에 닿을 일이 없으니 제3의 피부, 제4의 피부가 잘 보존됩니다.

제3의 피부(각질)와 제4의 피부(상재균)를 잘 보존하는 것은 피부미인의 기본 조건을 갖추는 것입니다.

Q4. 피부에 관한 시대별 개념 변천사

- 제1의 피부: 조선 중종 때 장순손이 왕의 피부병을 고치기 위해 올린 상소문에 “피자 맥지부야(皮者脈之部也, 피부도 맥이 닿는 곳이다)”라는 글이 나온다. 즉 이 이전까지는 피부를 그냥 몸을 둘러싼 껍질 정도로 보고 있었다는 것을 짐작할 수 있다.
- 제2의 피부: 1980년 이전까지 자료에는 각질이라는 단어를 거의 찾아보기 힘들고, 표피, 진피라는 개념이 통용되었다.
- 제3의 피부: 1980년 이후 각질이라는 단어가 비로소 빈번하게 등장하고, 지금은 상식적인 단어가 되었다.
- 제4의 피부: 2010년 이후 가장 앞서가는 피부학자들 간에 피부 상재균이라는 말이 빈번하게 오가고, 2015년 무렵부터는 상재균이 제4의 피부라는 개념으로 받아들이는 입장이다.

들꽃화장수는 제3의 피부 각질과 제4의 피부 상재균을 보호하고 북돋아서 피부미인으로 살아가게 한다. 각질과 상재균이 잘 보전된 피부에서는 노화의 수레바퀴가 느리게 굴러 간다.

제3장
노화를 막는 올바른 세안법

악건성, 민감성, 급노화 등의 피부로 힘들어하는 사람은 피부에 관한 올바른 정보에는 눈을 감아 버리고, 꿈만 파는 화장품광고를 맹신하고 따른다.

화장만큼이나 중요한 것이 세안법이다. 세안법은 피부 상태에 큰 영향을 미치는 것 중 하나다. 세안법에 관한 올바른 정보에 눈을 뜨는 것만으로도 닥쳐오는 노화에 대해 상당히 효과 있는 방패를 갖추는 것이다.

① 올바른 세안법

올바른 세안법은 첫째 각질을 손상하지 않는 방법의 세안이고, 둘째 피부의 상재균을 보호하는 방법의 세안이다.

1980년 무렵부터 각질을 제3의 피부로, 21세기에 들어오면서 학자들은 상재균을 제4의 피부라고 인식하기 시작한다. 각질은 내피, 외피의 보호막이자 상재균이 뿌리내리고 사는 토양이다. 상재균은 각질이라는 토양에 뿌리내리고 자라는 숲과 같다. 피부의 상재균을 잘 관리한 사람은 피부가 맑고, 화사하게 빛난다.

각질을 잘 관리한 사람을 관찰하면 건성에서 벗어나서 물 세안 후에도 당김이 없고 노화가 느리게 찾아와서 나이보다 젊게 보인다.

② 각질

일반 사람의 각질은 25겹 정도의 미세한 전해질막이 기와처럼 층층이 쌓여 있는 구조다. 27~28겹쯤 되는 사람도 있는데, 이런 경우 여분의 각질이 2~3겹 있다고 말한다. 각질은 극도로 미세한 피부의 보호막이다. 아무리 미세한 손길이라도 건드리면 건드릴수록 손상이 심해진다. 스크럽이나 각질제거제 등의 사용이 민감성 피부와 빠른 노화를 재촉할 수 있는 것이다.

여자들의 피부는 원래 남자 피부보다 노화 속도가 훨씬 빠르다고 말하며 원인을 유전적인 그 무엇으로 생각하지만, 알고 보면 화장품의 독성과 그것을 깨끗하게 지우려고 문지르는 손길로 인해 각질이 입는 손상이 하루하루 누적된 결과다.

관리를 잘 하지 않은 사람의 피부가 나이 들어서도 훨씬 좋은 상태를 유지하는 것은 화장품 속의 나쁜 화학물질로 인한 각질의 손상이 적기 때문으로 볼 수 있다.

③ 상재균

상재균은 사람의 장이나 피부에 얹혀 사는 대신 몸에 다양한 공헌을 한다. 인체와 상재균은 공생 관계다.

피부에 서식하는 상재균의 경우, 특히 모공에는 안쪽 깊숙이까지 들어가 있다. 이때 상재균의 가장 큰 역할은 곰팡이나 효모균, 잡균 등으로부터 피부를 보호하는 것이다.

상재균은 우리 몸의 피지와 땀을 먹고 산을 배설하는데, 이들이 배설하는 산 덕분에 피부는 항상 약산성으로 유지된다. 곰팡이나 효모균, 잡균 등은 알칼리성을 좋아하기 때문에 상재균 덕분에 약산성으로 유지되는 피부에는 접근할 수 없고, 안으로 침입할 수도 없다.

사람의 얼굴에서 발견되는 상재균은 150종 이상이다. 코 옆은 피지가 많고, 모공이 크기 때문에 화장하지 않는 사람의 경우 1㎠에 상재균이 60만 개체, 볼 한가운데는 20만 개체 정도가 서식한다. 그러나 화장을 많이 사용한 사람은 500개체, 가장 많아야 3만 개체 정도에 지나지 않는다. 5년이 지나도 썩지 않는 파라벤 같은 강력한 화장품 방부제의 살균력이 소독약보다 훨씬 강하기 때문이다.

④ 계면활성제, 폼클렌징

'유해성분 없는 폼클렌징'이라고 광고하는 제품들을 흔히 마주치지만, 빈말이다. 계면활성제가 나쁘지 않다는 전제하에 이것저것 넣었다는 말이다. 계면활성제가 들어 있지 않은 폼클렌징은 없다. 계면활성제 그 자체가 나쁜 것이다. 각질과 상재균을 손상하는 주범은 계면활성제다.

유난히 부지런한 여자들은 손의 주부습진, 얼굴의 심한 건조함으로, 아이들은 아토피로 고생하는 경우가 많다. 바르고, 씻고 또 씻는 과정에서 각질과 상재균이 심한 손상을 입었기 때문이다. 이 과정에서 가장 문제가 되는 것은 화장품, 폼클렌징 등에 든 방부제(파라벤), 계면활성제다.

화장품으로 열심히 관리하면 할수록 악건성, 민감성에 잡티, 그리고 트러블이 수시로 돋아나는 피부가 되는 것이다.

⑤ 각질 보호를 위한 가장 좋은 세안법은 물 세안이다

얼굴에 생기는 기름기는 과산화지질이다. 과산화지질은 시간이 지나면 산패하면서 노화를 촉진하지만, 오일 성분이 든 화장품을 바르지 않았다면 물만으로도 충분히 씻겨 나간다.

색조화장 등의 이유로 어쩔 수 없는 경우는 계면활성제가 들어 있지 않은 순비누를 사용하는 것이 좋다. 비누 세안 후 약간 남는 색조의 흔적은 그냥 두는 게 좋다.

피부는 자연 정화력이 있어서 아침이면 저절로 지워진다. 깨끗이 지우느라고 박박 문지르면서 피부 손상이 시작된다.

순비누, 화장비누, 약산성비누에 대해서는 제13장 '비누의 종류'에서 설명한다.

⑥ 폼클렌징의 계면활성제 농도

폼클렌징의 계면활성제 농도는 주방세제를 희석한 것이나 다름없다. 폼클렌징 세안은 화장수나 크림보다도 훨씬 심하게 피부에 상처를 준다.

제4장

화학 화장품의 문제점

요즘 주목받는 우츠기 류이치(宇津木 龍一) 박사는 일본의 안티에이징 전문의다. 그는 피부 트러블과 그로 인한 빠른 노화의 가장 큰 원인을 화장품의 독성으로 보며, 화장품의 문제점을 다음과 같이 파악한다.

① 방부제

오랜 시간이 지나도 부패하지 않는 물질 중 하나가 화장품이다. 즉 화장품의 항상성을 위해 다량의 방부제를 첨가하기 때문이다.(화장품의 법적 유효기간은 대개 3년)

그러므로 화장품을 바르는 것은 제4의 피부라는 상재균을 매일같이 방부제로 살균하는 것과 다름없다.

② 상재균

얼굴에서 발견된 균만 150종 이상이며, 건강한 사람의 피부에는 부위에 따라 다르지만, 1제곱센티당 30만 마리 정도의 세균이 상재한다. 이 상재균은 피부 환경을 건강하게 유지하고, 나쁜 균들로부터 피부를 보호하는 방어균 역할을 한다.

그런데 이 상재균들은 매일같이 화장품에 들어 있는 방부제로 살균당해서 화장을 많이 하는 여성의 경우는 상재균의 수가 1제곱센티당 2~3천 마리 정도만 남아 있는 경우도 허다하다.

③ 잡균

매일같이 상재균을 살균당해 방어력이 사라진 피부와 모공 속에는 유해한 잡균들이 버글거리게 된다. 이들이 트러블을 일으키며, 피부 노화의 원인이 되는 것이다.

④ 나쁜 화학물질

최근 들어 피부학자들은 화장품을 '바르면 바를수록 피부를 더 악화시키는 것'이라 정의한다.

화장품은 거의 예외 없이 방부제, 계면활성제, 프탈레이트 등의 화학물질과 니트로벤졸(Nitrobenzol) 계통의 독성 있는 향기로 버무려진 것이기 때문이다.

⑤ 건성, 민감성 피부

화학화장품을 오랫동안 사용한 사람들의 피부를 현미경으로 확대해서 보면 계면활성제로 각질이 손상되면서 생긴 미세한 상처들을 볼 수 있다. 이 상처를 통해 천연보습물질이 빠져나가므로 보습제 없이는 견디지 못하는 악건성 피부가 된다.

⑥ 자연치유력, 피부의 내성

우츠기(宇津木) 박사는 피부트러블과 빠른 노화의 원인은 밝혔지만, 거기에 대한 마땅한 대책을 제시하지는 못한다. 그냥 피부의 자연치유력, 피부의 내성 등을 말할 뿐이다.

"독성물질이 가득한 화장품을 아무것도 바르지 말고 버티면 자연치유력에 의해 손상된 피부가 회복될 것"이라고 말할 뿐이다.

일본은 물론이고, 한국에서도 우츠기(宇津木) 박사의 말대로 샴푸나 화장품을 일체 사용하지 않고 고통스럽게 버티면서 지긋지긋한 화장품 중독에서 벗어나는 과정을 자랑스러워하며 올린 수기를 종종 볼 수 있다.

제5장

히라노 교코(平野卿子)의 『피부단식(肌断食, スキンケア、やめました)』

아래는 우츠기(宇津木) 박사의 이론 그대로 화학 화장품을 전혀 사용하지 않고 피부가 개선되는 과정을 꼼꼼히 기록한 히라노 교코(平野卿子) 여사의 『피부단식(肌断食, スキンケア、やめました)』(전나무숲, 2014) 내용이다.

1. 화장품을 끊고 한 달 반쯤 지난 시점의 기록

피부 치료를 시작하고 며칠 뒤 각질이 얼굴을 뒤덮기 시작했다.
예상을 뛰어넘는 수준이라 바깥에 나가려면 모자와 마스크, 선글라스를 써야 했다.
그런 차림새 때문에 사람들 사이에서 눈에 띌까 봐 걱정했는데, 다행히 꽃가루 알레르기를 대비해 마스크를 쓰고 다니는 사람들이 많아 심하게 띄지는 않았다.

그나저나 어쩜 이렇게 얼굴이 당길 수 있지? 처음 며칠이 지금보다 훨씬 괜찮았던 기분이 드는 것은 착각일까? 음, 역시 착각이었다. 그때는 더 따끔따끔 아팠다.

기초화장품을 한꺼번에 끊을 것이 아니라 차근차근 단계적으로 끊는 편이 나았겠다는 생각이 머리를 스쳤다. 그러고 보니 어딘가에서 '조금씩 화장품을 줄이면 머지않아 아무것도 바르지 않아도 괜찮아집니다'라는 지침을 본 것도 같았다. 하지만 그렇게 신중하고 계획적인 방법은 나에게 맞지 않는다. 뭐든지 조금씩 천천히 하는 성격이 아니었다. (39쪽)

2. 화장품을 끊고 11개월쯤 지난 시점의 기록

드디어 혹독한 추위가 시작되었다. 작년에는 얼굴에 너덜너덜 허물이 일어나고 따끔거리면서 당겼었다. 올해도 그럴까? 그런 증상만 없으면 피부가 회복되고 있다는 것을 실감할 것 같다.

요즘에는 피부가 건조한지 아닌지는 모르겠지만 자각 증상이 전혀 없어서 바셀린도 바르지 않고 매일 물 세안만 하고 있다. (164쪽)

화장품을 사용할 때보다 훨씬 나아졌다고 나름 만족하면서 자랑스럽게 남긴 기록이지만, 적극적인 피부치료제 없이 수동적으로 11개월을 버티기만 한 결과는 '들꽃화장수'를 사용하고 한 달쯤 후의 상태보다 못하다.

저렇게 고생하는 히라노 교코 여사가 '들꽃화장수'를 사용하면 어떤 반응이 올까? 화려한 화학물질로 매끈하게 다듬지 않은 탓에 다소 투박한 외형이지만, 바르면 바를수록 좋아지는 '들꽃화장수'의 빠른 회복력에 감탄하지 않을까?

제6장

‘들꽃화장수’ 6개월 사용 후기

김윤아 님은 ‘들꽃연구소 화장수 테스트 지원자’ 중 한 분이다. 지원 당시 피부 건성도, 민감성, 각질의 상태 등 간단한 몇 가지 체크만으로도 상태가 좋지 않음을 확인할 수 있었다. 화장품 때문에 나빠진 피부를 더 많은 화장품으로 해결하려 들면서 점점 더 심각한 증세로 빠져든 상태였다.

김윤아님 피부를 케어하면서 자세히 관찰, 비교해 보니, 히라노 교코 여사가 11개월을 무작정 버틴 결과는 회복력이 높은 ‘들꽃화장수’를 사용하고 한 달쯤 후의 증상 정도였다. 히라노 교코 여사보다 훨씬 심각한 상태였는데, 지금은 물 세안 후에도 당기지 않고 무난할 만큼 회복되었다.

임진왜란 이후 일본 사람들이 ‘朝鮮の優れた技術で作られた化粧品(조선의 빼어난 기술로 만든 화장품)’이라 말하던 조선미안수(朝鮮美顔水)의 원리를 뿌리로 한 ‘들꽃화장수’의 힘이 얼마나 대단한지 알 수 있다.

1. '들꽃화장수' 사용 전

[들꽃수 6개월 사용 후기]

김윤아(2017년 8월 18일) 오전 12:54

지난 2월…

들꽃수를 처음 만난 그날을 참 감사하면서 하루하루를 지내고 있습니다^^

그때 제 피부는… 모든 악조건을 고루 겸비한 피부…ㅠㅠ

일단 악건성이었어요!

한여름에도 수분크림을 엄청나게 바르고 집을 나서야만 하루를 잘 버틸 수 있었고, 한겨울에는 매직션크림(거의 바세린 수준)을 덕지덕지 처발처발해 줘야만 견딜 수 있었어요… 이렇게 장벽을 쳐 주지 않으면 피부가 따갑고 아파서 견딜 수 없었으니까요…

게다가 초민감성 피부였어요…

국내 화장품은 비싼 거 싼 거 가릴 것 없이 알러지 반응… 가렵고 화끈거리고…

비싼 외국 화장품도 거의 섭렵…

그러나 마찬가지…ㅠㅠ

그나마 괜찮았던건 'A 웨이' 가장 비싼 라인… 이게 다 얼마야? 히잉…ㅠㅠ

너무 비싸서 다른 걸로 갈아타려는 시도를 할 때마다 돈만 버리고 피부는 힘들고…

그러다가 들꽃수를 만났지요~ 천사 같은 초보농부님을 통해서요^^

일단 저는 천연화장품이라 해서 덮어놓고 반가워하며 들꽃수를 맞이했어요~^^

천연이라 하시니 두 번 생각 않고 성실하게 '들꽃박사님'의 매뉴얼대로 열심히 바르기 시작했지요! 피부 턴오버가 제대로 되려면 3개월은 걸릴 테니 일단 가 보자! 하는 굳은 마음을 가지고요!

그렇지만 **피부장벽이 모두 망가진 제 피부는 들꽃수를 굉장히 거부하더라고요** ㅎㅎ

한 달 정도는 알러지 반응이…

게다가 **각질이 왜 이렇게도 일어나는지요!**

입술도 껍질 벗겨지듯 두세 번 벗겨지니… 겁도 나고…

그때마다 친절하고 상세하게, 그간 발라 왔던 화학성분 화장품 때문에 피부장벽이 다 무너진 상태에 천연 제품이 들어가서 생긴 호전 반응이라는 박사님의 설명 덕분에 신뢰를 갖고 두 달 정도 사용하다 보니 어느새 제 피부가 달라져 있었어요~^^

2. '들꽃화장수' 사용 후

세수하고 아무것도 바르지 않은 상태에서도 당김이 느껴지지 않을 만큼 악건성 피부에서 벗어나게 되었어요^^

이것만으로도 감사감사~♡

근데 지금은요, 세수하고 나서 수건으로 물기를 닦고 나면 피부에서 광이 나요… ㅎㅎ

아무것도 안 바른 상태에서요… 대박!

또 하나~ **피부톤이 맑아졌어요**^^ 요즘은 맨얼굴로 다니는데도 뭐 아파 보이지 않고요~ 나름 괜찮더라고요 ㅎㅎ

전에는 자외선 차단한다고 꼭 비비크림으로 피부톤 보정을 했는데…

제가 너무너무 애정하는 '나무그늘' 덕분에 답답한 자외선 차단제를 바르지 않아서 제 얼굴이 이 여름을 시원하게 잘 보냈답니다^^

제가 냄새에도 많이 민감한 편이라 사실 '들꽃화장수' 냄새가 처음에 너무 힘들었었는데 지금은 많이 익숙해지긴 했지만…ㅎㅎ

그래도 냄새쯤은 거뜬히 잊어버릴 수 있을 만큼 효과가 넘나 좋아요~^^

건강하고 광나는 피부를 위해서 처음 시작하시는 님들,

조금만 참고 또 믿고 사용해 보세요~^^

반드시 만족스러운 결과를 눈으로, 피부로 확인하게 되실 거예요^^

너무 긴 글 읽어 주셔서 감사합니다^^

조금이라도 도움이 되셨으면 하는 마음이 깊어지다 보니 글이 길어지고 말았네요^^

'들꽃화장수' 화이팅!

새로 시작하시는 님들 모두 파이팅![1)]

1) https://band.us/n/afaf7flcsfobx

제7장

「'들꽃화장수' 6개월 사용 후기」에서 나타나는 이상 현상에 대한 설명

Q1. 피부 장벽이 모두 망가진 제 피부는 '들꽃화장수'를 굉장히 거부하네요.

피부가 '들꽃화장수'를 거부했다기보다, 화학화장품을 안 바른 경험을 처음 했기 때문에 피부가 낯설어서 그랬던 것입니다.

밤낮으로 촉촉하게 피부를 적셔 주는 듯한 프탈레이트(미세한 실리콘) 성분에 중독된 상태에서, 실리콘을 바르지 않은 상태의 민낯을 처음 겪어서 그런 것입니다.

실리콘중독(화장중독)은 꼭 약물중독에 빠진 사람이 약물을 하지 않고 있을 때 정신이 황폐해지는 것과 비슷합니다.

Q2. 세수하고 아무것도 바르지 않은 상태에서도 당김이 느껴지지 않을 만큼 악건성 피부에서 벗어나게 되었어요.

화장품, 폼클렌징 속에 든 계면활성제에 각질이 녹으면서 피부에는 미세한 상처가 생깁니다.

이 상처는 트러블과 민감성 피부의 원인이 됩니다. 또한 이 상처를 통해 피부의 천연보습성분이 빠져나가기 때문에 건성, 민감성 피부가 됩니다.

이렇게 염증이 있는 피부에 '탄미제'를 사용하면서 미세한 상처가 회복되고 각질이 촘촘하게 자리 잡고, 건성 피부에서 벗어나게 되면서 아무것도 바르지 않아도 당기지 않는 정상적인 피부가 된 것입니다.

Q3. '들꽃화장수' 냄새가 처음엔 힘들었어요.

파라벤, 페녹시에탄올, 포름알데히드 등의 어려운 명칭으로 표기되는 방부제는 제4의 피부라는 상재균을 말살하면서 피부트러블, 경피독의 원인이 되는 물질입니다.

'들꽃화장수'는 방부제, 계면활성제. 인공향을 사용하지 않고 장시간 발효 숙성한 화장수입니다. 나쁜 화학물질이 들어 있지 않은 숙성화장수라 피부 개선에는 월등한 효과를 보이지만, 와인처럼 용기 속에서도 계속 살아서 숙성되기 때문에 그윽한 부케(숙성향)로 감탄하는 분도 계시고, 이취(異臭)로 여기는 분도 있습니다.

2019년부터는 미량의 천연에센셜 향으로 문제를 개선했습니다.

Q4. 각질이 왜 이렇게 일어나는지요?

인체의 재생 능력은 우리가 생각하는 것보다 훨씬 놀랍습니다. 각질층도 그중 하나입니다. 각질제거제 등으로 무리하게 각질을 떼어 내거나 각질층을 얇게 하면 외부 자극에 노출된 피부는 자극을 막기 위해 표면의 각질층을 급속히 두껍게 만듭니다. 이렇게 각질층이 두꺼워지는 것을 '각질비후'라 합니다. '각질비후'는 피부를 지켜 주는 방어벽 역할을 하지만, 동시에 기미, 주근깨, 건성 피부, 트러블 등의 원인이 되기도 합니다. 밤낮없이 보습제를 바르는 것은 미세한 실리콘으로 피부를 덮어서 각질순환을 막는 것입니다. 죽은 각질이 계속해서 피부 표면에 들러붙어 있으면 여러 가지 피부트러블, 기미, 잡티의 원인이 됩니다.

'들꽃화장수'로 피부가 건강하게 변하면 그동안 제대로 배설하지 못했던 각질대사(keratinization) 메커니즘이 본격적으로 진행되면서 죽은 각질이 쏟아져 나오게 됩니다.

새로운 세포가 생겨나 피부의 표면으로 나와 각질로 변해서 일주일가량 머문 뒤 떨어져 나가는 각질 대사 메커니즘의 주기는 대략 28일입니다. 그러므로 1~2회 주기 즉 1~2달 정도는 각질이 계속 쏟아져 나오는 것이 정상입니다.

그동안 사용한 각질제거제와 보습제가 많을수록 각질비후가 생겨서 죽은 각질이 쏟아져 나오는 양이 많아집니다.

Q5. 입술도 껍질 벗겨지듯 두세 번 벗겨집니다.

'들꽃화장수' 사용 이후 입술이 갈라지고 벗겨지는 경우가 있습니다. 피부의 좋지 못한 색을 가리기 위해 짙게 화장한 사람은 피부톤에 맞도록 립스틱도 진하게 바르는 경우가 많습니다.

립스틱의 독성도 만만치 않아서 입술 피부 또한 '각질비후'가 생긴 것

같습니다. 입술이 벗겨지는 것은 '각질비후'에서 벗어나는 현상으로 보면 됩니다.

Q6. 피부톤이 맑아졌어요! 건강하고 광나는 피부가 되었어요.

거울을 통해서 얼굴을 보면 이목구비와 조금 더 세밀한 부분 정도가 보이겠지만, 미세한 현미경으로 보면 피부는 엄청난 각질의 산맥과 계곡이 계속되는 생태환경입니다. 거기에 150종이 넘는 상재균들이 각질이라는 토양에서 살아갑니다.

건성 피부는 각질이 계면활성제에 녹아서 미세한 상처가 생기면서 그 틈으로 천연보습인자가 빠져나가기 때문이며, 파헤쳐진 각질로 인해 피부가 거칠어진 것입니다. '들꽃화장수'를 사용한 후 리프팅한 듯 얼굴이 작아 보이는 이유는 미세한 상처가 아물면서 붓기가 빠졌기 때문입니다.

민감성 피부는 화장품과 폼클렌징의 방부제 등으로 피부의 상재균이 살균되면서 외부 잡균들의 침입을 방어하지 못하기 때문에 눈에 보이지 않는 미세한 트러블이 무수히 돋아난 상태를 말합니다. 미세한 트러블은 푸석푸석하고 화장이 유난히 뜬 듯 보이는 이유이기도 합니다.

매일 계속되는 화장품의 나쁜 화학물질로 인해 빈사 상태에 빠진 피부가 '들꽃화장수'의 빠른 회복력을 통해 건성, 민감성의 문제가 해결되면서 건강을 되찾아 맑게 빛나는 것입니다.

민감성, 악건성 피부에 사용하는 '들꽃화장수'는 '트러블해소제', '탄미제', '윤부제', '나무그늘'이 중심이었습니다.

피부가 건강해진 김윤아 님은 피부 결과 피부톤의 극적인 개선을 위해

이 이후로는 '지선제', '지중제', '차오름' 등을 필요에 따라 선택해서 사용하시면 됩니다.

제8장

제1차, 2차, 3차 화장품 공해

사용하면 할수록 피부가 점점 더 메마르고 거칠어져서 점점 더 심하게 사용할 수밖에 없는 지경에 이르는 것을 화장품 중독이라 한다. 현대 여성들 대부분이 화장품 중독에 빠질 수밖에 없는 현실에 대해 프랑스, 이태리, 독일 같은 화장품 선진국 소비자단체에서는 '화장품 공해'로 규정한다.

화장품 공해는 1970년부터 2000년대까지 시기별 사용된 화학물질의 종류에 따라 1차, 2차, 3차로 나뉜다.

① 제1차 화장품 공해(합성 계면활성제)

기름과 물이 섞이게 하는 약품인 계면활성제는 화장품을 만들 때는 '유화제', 기름때를 제거할 때에는 '세정제'라 한다.

합성 계면활성제는 피부 장벽(각질)을 파괴해 화장품에 포함되어 있는 화학첨가물과 향료, 타르색소 등을 피부 속으로 침투시킨다. 그 결과 흑피증(색소침착으로 피부가 갈색이나 흑갈색을 띠는 현상)의 원인이 되고, 피부를 건조하게 만들어 트러블, 기미, 주름이 생기게 하며, 피부 노화를 촉진한다.

② 제2차 화장품 공해(수용성 폴리머)

수용성 폴리머는 종래의 합성 계면활성제와는 다른 계면활성제인데, 합성 계면활성제와 함께 쓰면 계면활성력이 더욱 강해져서 피지를 모두 없애 버린다. 이것이 피부 환경을 악화시킨다. 건조하고 민감한 피부가 되는 지름길이다.

③ 제3차 화장품 공해(전성분표시제)

전성분표시제의 실체는 '어떤 성분이라도 표시만 하면 사용해도 좋다'는 것이다.

이전까지는 사용할 수 없었던 성분도 표시만 하면 사용할 수 있다. 쉽게 말해서 제대로 표시만 한다면 독이든 약이든 무엇이든지 쓸 수 있다는 것이다.

제조업체들은 알면 모두가 피하는 유독한 성분을 첨가하고 전문가도 알아보기 어려운 새롭고 복잡하고 긴 성분명으로 소비자의 눈을 사실상 가린다. 소비자들은 이 나쁜 속임수를 알아차리지 못하고 브랜드만 믿고 따른다.

심한 부작용이 생겨도 화장품의 성분을 탓하고 따지기보다 자신의 피부가 민감하고, 특이해서 그런 줄만 알고 자신의 피부를 탓한다. 자신에게 딱 맞는 성분이 든 화장품을 찾지 못한 자신만 탓한다. 화장품회사 탓도 분명히 있다고 알려 줄 단체 같은 것은 우리나라에는 없는 것일까? 소비자단체는 충실히 일하면서 분명한 정보를 알려 주는데, 우리가 그 좋은 정보를 찾지 못하는 것일까?

제9장

피부용 위험물질 - 화학화장품

1. 초등학생에게는 위험물 등급인 화장품

초등학생에게 화장품을 판매하지 않는다는 팻말을 종종 본다.

화장품은 본드나 술처럼 미성년자가 오·남용하면 위험할 수도 있는 물품이라서 초등학생에게는 판매를 제한한다는 것이다.

"화장품이 위험물이라고?" 하는 의문이 들겠지만, 화장품을 계속 바르면 낙숫물이 댓돌을 뚫듯 위험한 화학물질이 피부를 꾸준히 상하게 해서 트러블이 시작되고, 중·고등 시절이면 이미 악건성, 민감성 피부가 되는 등의 부작용으로 고통받는 경우가 흔하다. 20대쯤이면 이미 민감한 피부 외에도 피부 노화를 걱정하는 이들이 많은 것이 어린 시절부터 질 나쁜 화장품에 피부가 시달린 결과라는 것을 다들 안다.

청춘의 심벌이라는 여드름도 사실은 화장품의 나쁜 성분에 꾸준히 노출되었기 때문에 생긴 부작용인 경우가 많다. 끈적이는 유분기를 지우느라 사용하는 클렌징크림도 트러블을 일으키는 큰 원인 중 하나다.

어른이 되면서부터 그런 화장품이 위험하지 않게 되는 것일까? 그렇지 않다! 전성분표를 보면 한 가지 제품마다 피부에 좋을 리 없는 화학물질이 평균 30~40가지 들어 있으니 화장품은 여전히 위험하다!

그런 위험물을 합법적으로 판매하고 당연하게 구매하는 이유가 뭘까?

성인은 본드나 부탄가스 같은 위험한 것들도 현명하게 이용할 줄 아는 존재이기 때문이다.

마찬가지로 위험한 화장품도 영리하게 사용하는 지식과 필요한 절제력을 갖춘 존재로서 그런 물품들로 인해 생기는 문제에 대한 책임의 주체이기 때문일 것이다.

이렇게 보면 화장품으로 인한 여러 가지 부작용은, 올바른 정보도 없이 무작정 구매해서 영리하지 못하게 사용한 구매자가 전적으로 책임져야 할 몫인 것처럼 보인다.

그러나 전성분표를 도무지 알아볼 수 없는 외국어나 전문 화학용어들로 가득 채워서 제대로 된 정보를 알아볼 생각조차 못 하게 하고, 게다가 화장품회사는 한결같이 구매자들을 현실과 동떨어진 환상에 빠져들게 하는 광고만 한다. 어려운 말로 제대로 된 정보는 얻기 어렵게 만들고, 엉뚱한 꿈에 빠져 구매하게 하는 마케팅 능력이 탁월한 화장품회사들은 이렇게 손상된 우리 피부에 대해 아무런 책임이 없는 것일까?

화장품의 위험성은 수준 낮은 화학원료 때문이라고들 말한다. 그렇다면 '꽃잎추출', '천연유래성분' 등의 화사한 문구로 광고하는 천연화장품은 자연원료를 어떻게 추출하는 것일까? 피부에 매우 안전하다는 말이 사실일까?

자연 친화적인 화장품이라는 천연화장품에 대해서 알아보자.

2. 천연화장품
– 정말 자연 친화적인 안전한 화장품일까?

화장품에 여러 종류의 유독한 화학물질이 들었다는 사실이 상식이 되고, 그로 인한 부작용들이 하나씩 밝혀지면서 천연 성분에 대한 관심이 부쩍 높아졌다. 2018년 3월부터 2019년 3월에 걸쳐 천연화장품에 관심을 가지는 사람들의 심리를 빅데이터 전문기관이 분석하였다. 결과는 외부 유해환경으로부터 민감해진 피부의 보호와 관리를 위해서라는 것이 나타났다.

화장품회사들은 이러한 데이터에 따라 '병풀추출 천연유래성분 순한 화장품', '99% 천연유래성분의 피부보호막을 보호하는 화장품', '꽃잎추출 천연유래성분' 등의 화사한 문구로 천연화장품은 피부에 매우 안전하다는 믿음을 갖게 한다. 그런데 이 말은 왠지 지금까지 사용하던 화장품들은 모두 화학화장품이며, 안전하지 않다는 사실을 실토하는 것만 같다.

1) 천연원료 VS 천연유래원료

화장품회사들은 왜 '천연원료'라 하지 않고 한결같이 '천연유래원료'라 할까? 이는 2019년 3월 식품의약품안전처의 '천연화장품 및 유기농화장품의 기준에 관한 규정' 때문이다.

- '천연원료': 가공하지 않은 원료 자체 또는 물리적 공정을 거쳤어도 화학적 성질이 변하지 않은 성분을 칭하는 말이다.

- '천연유래원료': 식약처 규정을 보면 '꽃잎추출 천연유래성분', '허브 추출 유래성분'등의 '~유래'가 붙는 명칭은 화학적 공정을 거친 2차 성분을 말한다. 즉 화학적 공정을 거쳐 원재료와는 성질이 달라진 화학 합성물질을 순하고 안전한 느낌이 드는 말로 살짝 바꾼 상술이다.

심지어 화학테크놀로지를 활용하면 천연 성분과 분자구조가 같은 물질을 대량 합성하는 것이 가능하다. 화장품회사들은 하나같이 이렇게 합성한 물질을 '식물유래', '천연유래'라고 광고하는데, 이 물질들은 식물 본래의 효능을 전혀 기대할 수 없는 화학물질이다. 이는 소비자를 현혹하는 말장난일 뿐이다.

2) 천연화장품에 관한 두루뭉술한 규정

2019년 3월에 발표한 식품의약품안전처의 천연화장품에 관한 규정에 따르면 "천연화장품 및 유기농화장품은 95% 이상의 천연 혹은 천연유래 성분으로 구성되어야" 한다.

천연화장품에 사용할 수 있는 원료는 '물(정제수)+천연원료+천연유래원료'인데, 이를 어떻게 배합하든지 총량이 95% 이상이면 합법적으로 천연화장품이라는 명칭을 사용할 수 있다는 것이다.

화학 합성 물질에 지나지 않는 '천연유래성분'을 '천연원료'와 구별해서 각 몇% 이상, 이하를 명시하지 않고 두루뭉술하게 넘어간다. 이런 규정은 천연화장품과 기존의 질이 떨어지는 화학화장품과는 큰 차이가 없어도 관여하지 않겠다는 말일 수도 있다는 것이다.

식물의 신비한 효능을 기대하며 구매하지만, 현실은 '식물유래'라는 화학 합성 물질로 제조한 화장품을 구매할 수밖에 없는 현실이다. 그렇게 구매한 화장품을 사용하는 사람들 대다수는 원인 모르게 건조해진 피부, 민감성 피부, 트러블, 잡티 등의 미세한 부작용을 겪는 것이다.

3. 천연화장품회사의 출중한 화학자에게 안전한 화장품이란?

화장품회사에서 일하는 사람들을 살펴보면 화학 전공 출신이 압도적으로 많다. 그들 대부분은 피부의 구조나 기능, 세포의 대사 그리고 알러지, 트러블 같은 부작용에 대해서는 전혀 관심이 없다. 그들의 주 관심사는 특정 화학물질의 '합법적인 사용 농도', '화학물질 간의 어울림', '화학물질의 촉감' 등이다.

특별한 경우를 제외하면 우리가 사용하는 화장품은 피부의 구조나 기능에는 무관심한 화학자들이 제조한 화학물질일 뿐이라는 것이다. 다음에서 천연화장품회사의 출중한 화학자의 화학물질과 안전한 화장품에 관한 인터뷰를 살펴본다.

'브루스 에이커스'는 거대한 유기농 화장품회사의 출중한 화학자다. 화학자로서 그는 화학물질을 좋아한다. 동시에 천연제품 개발자로서 자연제품을 생산하고 구매하는 사람들을 지지한다. 그러나 그는 경제적인 면에서 양쪽 모두에게 냉소적인 반응을 보이며 이렇게 말했다.

"아름다움에는 위험이 따릅니다. 여성들은 이런 위험을 기꺼이 받아들이지요."[2]

이 말은 천연제품이라 해도 법망의 가장자리까지 위험물을 사용할 것이며, 이런 위험한 물질을 사용한 화장품이라 해도 아름다움을 위해서라면 여성들은 기꺼이 구매할 것이란 말로 해석할 수 있다.

이야기가 계속되면서 안전한 화장품으로 화제를 바꾸자 그는 단호한 태도를 보이면서 말했다.

"우리는 지금보다 훨씬 더 안전한 제품을 만들 수 있습니다. 세상에는 아주 적은 노력으로도 개선할 수 있는 일이 대단히 많습니다. 화장품 안전 문제 또한 그렇습니다."[3]

"방향제는 '구역질 나는 분자들'로 가득 차 있으며, 프탈레이트 사용은 변명의 여지도 없는 일입니다. 그러나 화장품이 식품 수준의 천연성분으로 만들어져야 하며 화학물질이 포함되지 않아야 한다는 견해에는 동의하지 않습니다."

거품을 일으키는 계면활성제와 유화제 같은 화학 합성 물질은 기름과 물의 혼합을 도와주고 소비자들이 원하는 제품의 특성을 만들기 위해 꼭 필요하다. 그러나 이런 화학물질도 좀 더 안전한 것을 선택할 필요가 있

2) http://blog.daum.net/geoguardian/33
3) http://blog.daum.net/geoguardian/33

다고 말한다. 그렇지만 계면활성제와 유화제 같은 화학 합성 물질이 안전할 수 있나?

"안전하고 품질이 좋은 화장품을 개발하려면 원가가 올라가지만, 소비자가 이런 제품을 원한다는 사실을 알게 되면 화장품회사는 그런 제품을 개발할 겁니다. 그러나 소비자는 그런 쓰레기('품질은 좋으나 가격이 높아서 잘 팔리지 않는 제품'이라는 화장품 업계의 속어)를 구입하지 않을 겁니다. 그러니 가격이 30~40배나 높아진 그런 제품을 화장품회사가 만들 리가 없고요."[4)]

거대한 유기농 화장품회사의 출중한 화학자에게 안전한 화장품이란 건강하고 아름다운 피부를 위한 것이라기보다 경제적으로 안전한 제품을 의미한다.

경제적인 안전을 위해서는 법적인 범위 내에서 위험성은 당연히 감수해야 한다는 말이다. 안전하고 품질이 좋은 화장품을 개발하면서 원가를 올리는 것은 경제적으로 안전하지 못하며, 위험하더라도 원가를 낮춰서 위험하더라도 많이 팔리는 제품을 만드는 것이 안전하다는 것이다.

4. 세계적인 천연화장품회사의 천연원료 추출방법

대부분의 회사는 '천연원료'이므로 안전하다고 말하지만 "유효성분 추

4) http://blog.daum.net/geoguardian/33

출방법은 기능적으로 수년 동안 완벽하게 다듬었기 때문에 회사가 소유한 핵심 기술의 원천이 됩니다"라고 말하며 천연원료 추출 노하우를 공개하지 않는다.

다른 종류의 방부제를 전혀 넣지 않은 순수한 물에서 식물 추출물을 분리해 내는 방법을 개발하는 데 성공했다고 크게 광고하는 일부 대기업이 있다. 관심을 가지고 살펴보면 알코올과 오일을 사용한 경우가 많다.

오일이나 알코올을 사용해서 식물의 효능성분을 추출하는 이유는 안전성(부패 방지)과 대량생산을 위해서이다. 그러나 오일이 피부의 보호막을 녹이고 건조하게 만들며, 모공을 키운다는 것과, 알코올이 건조함과 트러블 유발의 주범이라는 것은 연구결과가 아니라도 경험상 이미 파악하고 있을 것이다.

5. 프랑스, 독일, 미국 화장품 대기업의 천연원료 추출 노하우

① 로고코스 사(Logona+Sante)

말린 식물에서 에탄올과 물을 섞은 혼합액을 이용해 추출물을 뽑아내는 방식을 도입했다. 추출 시설을 통해 얻은 식물 추출물은 여섯 시간에서 여덟 시간 동안 규칙적인 초음파에 노출되면서 용매와 섞인다. 여기서 거른 물질들은 압착되고 포화용액은 걸러진다. 이 과정에서 얻은 용제가 최종 추출물이며, 장기적인 보관이 가능한 상태가 된다.

② 발라(Wala) 사

건조된 약용식물을 올리브 오일이나 땅콩 오일 속에 담가 유성 추출물을 얻어낸 뒤, 37도에서 덥힌 뒤 일주일 동안 같은 온도로 계속 가열하여 아침저녁으로 휘저어 준다. 이 과정이 끝나면 혼합물은 압착되며, 여기서 얻은 용액을 걸러서 보관하는 것으로 추출 처리를 끝낸다.

③ 벨레다(Weleda) 사

식물 원료를 정성스럽게 선별해 깨끗이 씻은 다음 분쇄한다. 이어서 물과 알코올을 혼합한 액체로 채운 점토 항아리에 담근다. 그리고 4주 동안 저장한 뒤 얻은 염료를 특수 압착기로 짜낸다. 최종추출물에서 불순물을 걸러 내는 작업을 마지막으로 거친다.

"약용식물을 재배하기 위해 만든 생체역학규정을 따른다. 이 회사는 야생에서 원료를 채취할 때 생물 종을 보호하는 데 주의를 기울이는 동시에 환경 보존과 자연보호 법규를 최대한 준수한다"[5]라고 말하며 원재료의 환경친화적인 점을 강조하지만, 오일과 알코올을 사용한 추출물은 원재료와는 성질이 달라진 '천연유래원료'와 무엇이 다를까?

세계적인 화장품 대기업의 천연원료로 만들어진 화장품들은 '식물유래원료'라는 화학합성물질로 제조한 화장품과는 달리, 식물의 신비한 효능으로 사람들 대다수가 겪는 화장품의 부작용에서 벗어나게 해 줄까?

로고코스(Logocos) 그룹의 개발책임자인 그로테르얀(H. J. Weiland-Groterjahn) 박사는 이렇게 추출한 물질이 자연물이냐, 화학물이냐 하는

5) Rita Stiens, 신경완 역, 『깐깐한 화장품 설명서』, 전나무숲, 2014, 327쪽.

문제에 대해 다음과 같은 말로 답한다.

> "어떤 화장품 제조회사도 아몬드나 꽃이 비록 자연물이라 해도 가공을 거치지 않은 채 그대로 사용하지 않는다. 천연오일 등의 추출물만 하더라도 모두가 화학적인 공정을 거쳐 얻는 생성물이다. 문제의 핵심은 추출 과정에서 되도록 화학물질에 덜 오염된 성분을 얻는 것이다."[6]

6) 위의 책, 23쪽.

제10장

화장품에 관한 오해

1. 기초화장 – 피부 노화의 주범

1) 여성이 남성보다 피부 노화가 훨씬 빠른 이유!

몇 년 전 국내 최고 수준의 대학 '피부 노화 연구소'에서 한국 사람을 대상으로 한 '피부 노화의 남녀 차이'에 관한 연구결과를 발표했다.

(1) 남성보다 빠른 한국 여성의 피부 노화

한국 여성의 피부 노화 진행도는 남성과 비교하였을 때 3.7배 이상 높다. 이런 현상은 백인에게서도 보고되고 있으나 한국 여성만큼 심하지는 않다. 백인의 경우 남성보다 여성의 피부 노화 정도가 1.7배 이상 심하며, 피부 노화의 상대적 위험성이 덜하다.

남성에 비해 여성의 피부 노화가 심한 이유에 대해 아직 확실한 이유를 알지는 못하지만 여성호르몬(에스트로겐)의 감소, 탄력섬유의 손상, GAG의 감소, 활성산소, 지방세포, 광노화, 공기 오염, 심지어 자녀 수와 피부 노화의 상관관계 등 몇 가지 원인이 될 만한 것을 길게 설명하고 있었다.

(2) 백인 여성보다 빠른 한국 여성의 피부 노화

백인 여성보다 한국 여성들의 피부 노화가 훨씬 빠르다고? 우리가 모르는 외부적인 요인이 있는 것은 아닐까? 화장품에 대해 어느 정도 지식을 갖춘 사람들은 "한국 여성들이 상대적 노화 속도가 백인 여성들보다 2배 이상 차이 난다는 저 연구결과가 사실이라면, 그 이유는 백인 여성들보다 훨씬 다양한 종류의 기초화장품을 몇 배나 더 많이 사용하기 때문"일 것이라고 설명한다.

프랑스나 독일 같은 화장품 선진국의 소비자단체들은 이미 화장품을 피부 노화의 큰 원인으로 파악하고, 거기에 대한 연구결과를 속속 발표하고 있고, 이런 사실을 대학연구팀이 모를 리 없을 텐데, 피부 노화의 원인으로 화장품을 전혀 언급하지 않는 발표를 보면서 의도하는 뭔가가 있지 않을까 하는 불편한 생각이 든다.

(3) 한국 여성들의 '화장 습관'

프랑스 소비자단체에서 일하는 한국계 연구원과 그곳 매장 판매원들의 말이다.

"유럽의 여성들과 한국 여성들의 화장품 사용 방법의 차이는 기초화장품의 종류와 비중입니다. 프랑스의 경우 기초화장품은 매장의 한쪽 구석에 조그맣게 자리 잡고 있어 찾기도 쉽지 않을 정도랍니다. 가장 앞자리에 넓게 자리 잡은 것은 색조 화장과 향수 종류이지요."

"이 나라 여성들의 화장품의 비중은 대략 향수 70, 색조 20 정도이며 기초화장품은 잘 쓰지도 않는답니다. 한국은 향수 10, 색조 20, 기초 70 정도의 비중이지요?"[7)]

"가지가지 종류의 기초화장품을 24시간 내내 얼굴에 바르고 있다 보니 한국 여성들은 건성 피부가 특히나 많지요. 건성 피부라서 당기면 당길수록 보습제 같은 기초화장품을 더 살 수밖에 없는 구조로 되어 있어요."

건성 피부는 세안 후 무언가를 즉시 바르지 않으면 당기는 피부를 말한다. 보습제는 세안 후 당기기 전에 발라서 자신이 건성 피부라서 빠르게 노화한다는 것을 깨닫지 못하게 하는 기능이 있다.

"프랑스는 기초화장품은 아예 약국에서 따로 팔고 있죠.
우리나라 여자들이 화장품을 많이 쓰긴 하는 것 같아요.
관광 온 사람들 보면 화장 진한 여자들은 거의 한국인이란 말도 있어요.
젊든 늙든 화장을 유난히 많이 하더라구요. 근데 본인들은 잘 모르는 듯해요."

"기초화장품을 3~4가지 이상 바르고도 화장하지 않았다는 사람이 의외

7) 위의 책, 11쪽.

로 많아요, 기초화장은 화장이 아니라고 생각해요."[8]

2) 기초화장은 화장이 아니라고? 전성분표를 보라!

2년 전 한 리서치 회사가 화장품 관련 설문 조사를 했는데, 화장품을 가장 많이 소비하는 계층은 30대 여성으로 기초 제품을 평균 8개, 색조 제품은 평균 7개를 사용한다고 한다. 그래서 그런지 로션, 앰플, 크림 등 기초화장품을 3~4가지 정도 바르고도 화장하지 않았다는 사람이 의외로 많다.

그들은 기초화장품은 화학물질이 아니라 보습을 유지하고, 탄력을 공급하는 영양물질인 줄로 굳게 믿는다. 시간이 갈수록 피부가 좋아지기만을 바라면서 눈 뜨면서부터 잠잘 때까지 24시간 내내 기초화장을 하고 생활한다.

기초화장품을 열심히 바르면 정말 피부가 좋아지는 걸까?

화장품 판매자들은 당연히 그렇다고 말한다. 그렇지만 학자들의 연구결과는 정반대다. 3~4가지의 기초화장품이라 하더라도 살펴보면 100가지도 넘는 알지도 못할 화학물질의 칵테일이다. 그런 화학물질의 칵테일을 24시간 내내 피부가 숨 쉴 틈도 없이 얼굴에 덮고 생활하면 피부는 어떻게 될까?

이쯤이면 기초화장품이 민감성, 악건성 피부, 그리고 빠른 노화의 가장 큰 원인이라는 것을 깨달아야만 하지 않을까?

시중에 판매하는 기초화장품의 전성분표를 살펴보자.

---

8) https://band.us/n/afaf7flcsfobx

(1) 비비 전성분

: 정제수, 티타늄디옥사이드, 폴리글리세릴-3디스아레이트, 징크옥사이드, 글리세린, 에칠헥실스테아레이트, 폴리글리세릴-2디폴리하이드록시스테아레이트, 탈크, 스위트아몬드오일, 테이소프로필미리스테이트, 슈크로오스디스테아레이트, 디메치콘, 세틸디메치콘, 아보카도오일불검화물, 펜탄올, 프로필렌글리콜, 콩오일, 비즈왁스, 마그네슘스테아레이트, 마그네슘설페이트, 알란토인, 비사보올, 감초추출물, 레시틴, 아스코빌팔미테이트, 토코페롤, 하이드로제네이티드팜글리세라이드시트레이트, 당근추출물, 베타-카로틴, 페녹시에탄올, 소듐솔베이트, 메칠파라벤, 에칠파라벤, 프로필파라벤, 부칠파라벤, 이소부칠파라벤, 락틱애씨드, 하이드록시시트로넬알, 헥실신남알, 부틸페닐메칠프로피오날, 시트로넬올, 벤질벤조에이트, 리날룰, 쿠마린, 벤질알코올, 제라니올, 알파-이소메칠이오논, 신나밀알코올, 참나무이끼추출물, 향료, 적색산화철, 황색산화철, 흑색산화철

(2) 수분크림 전성분

: 정제수, 부틸렌글라이콜, 글리세린, 주목분열조직세포배양액, 사이클로펜타실록산, 디프로필렌글라이콜, 마치현추출물, 사이클로헥사실록산, 베타인, 1,2-헥산디올, 바이오사카라이드검-1, 세테아릴올리베이트, 소르비탄올리베이트, 트레할로스, 소듐아크릴레이트/소듐아크릴로일디메칠타우레이트코폴리머, 암모늄아크릴로일디메칠타우레이트/브이피코폴리머, 폴리이소부텐, 알지닌, 카보머, 토코페릴아세테이트, 카프릴릴/카프릴글루코사이드, 디포타슘글리시리제이트, 자몽추출물, 유자추

출물, 유칼립투스잎추출물, 클로브꽃추출물, 고삼추출물, 디소듐이디티에이, 아시아티코사이드, 아시아틱애씨드, 마데카식애씨드, 리날룰, 메칠디하이드로자스모네이트, 라임오일, 레몬오일, 로즈마리잎오일, 라벤더오일, 유칼립투스잎오일

(3) 토너 전성분

: 정제수, 글리세린(6%), 소듐하이알루로네이트, 부틸렌글라이콜, 베타글루칸, 마치현추출물(3%), 캐모마일꽃/잎추출물, 나이아신아마이드(2%), 병풀추출물, 유차나무씨추출물, 우엉추출물, 락토바실러스, 콩발효추출물, 소듐하이알루로네이트(1%), 1,2-헥산디올, 토코페릴아세테이트, 아스코빅애씨드, 휴먼올리고펩타이드-1(0.5%), 알란토인, 녹차추출물, 알파-비사보롤, 알지닌, 디포타슘글리시리제이트, 디소듐이디티에이, 페녹시에탄올, 아데노신

하나같이 30~40가지의 화학물질이 빼곡히 적혀 있다.

이 성분들 하나하나가 심상치 않은 화학물질들이다. 이 화학물질들이 건성 피부, 트러블, 잡티 등의 원인이라는 연구결과가 많은데도 사람들은 듣기 좋은 달콤한 말로 유혹하는 광고에만 귀를 기울인다. 그러나 광고와는 달리 아래와 같은 말을 하는 사용자들이 많다.

"민감하고 자극을 잘 받는 피부이다 보니 성분이 착한 제품만 찾아서 사용하는데, 시간이 지나면 피부에 맞지 않아 새로운 제품을 찾는 경우의 연속이다."

오래 사용할 수 있는 제품을 찾았다 싶어도 시간이 지나면서 피부에 맞지 않게 되면, 대부분 자신의 피부를 탓한다. 그런데, 알고 보면 100가지가 넘는 화학물질을 견디다 못한 피부가 민감성, 악건성으로 반응한 것이다. 사정이 이러하니 죄 없는 피부 탓만 할 일이 아니다.

3) 기초화장품에 관한 위험한 이야기들

영국 《Financial Times》는 아래와 같이 화학화장품의 위험성을 경고한다.

> "현대 인류는 피부에 좋다는 꼬임에 빠져 매일 화학물질 덩어리를 뒤집어쓰고 있다. 보통 여성이 하루에 쓰는 화장품만 봐도 평균 128가지 화학물질이 들어 있다."

화장품회사들은 "우리 제품은 위험물 기준치 이하입니다"라고 말하지만, 우리가 어떤 화장품이든 '하나만' 쓰지는 않는다는 점을 간과한 발언이다.

매일 아침저녁으로 최소한 두 번씩 기초 제품을 바르고 그 위에 메이크업 제품으로 화장을 하고 때때로 화장을 고친다고 생각하면 정말 많은 화장품을 얼굴에 바르는 것이다. 이뿐인가? 여기에 핸드크림이나 풋 로션, 샤워를 매일 하면 바디로션, 바디오일까지 피부에 너무 많은 양의 화장품을 흡수시키고 있다.

이런 습관으로 생활하는 사람은 아무리 소량이라지만 독성 성분이 첨가된 화학제품들을 하루에 무려 30~40번 이상 몸에 흡수시키는 꼴이 된다. 이런 경우 심각한 문제가 발생한다는 것은 상식만으로도 알 수 있다.

각 제품의 유해성은 기준치 이하겠지만 기준치가 다른 제품들을 하나하나 덧바르면서 허용기준치를 몇 배나 뛰어넘게 된다.

개별 회사의 개별 화장품의 화학 성질은 나름 안정성을 유지한다더라도, 각각 다른 회사의 성질 다른 화학물질들을 여러 겹으로 겹쳐 바를 때 발생하는 화학물질의 변이는 법적 통제를 벗어나서 책임질 사람이 아무도 없게 된다. 이에 따른 부작용의 문제는 누구를 탓할 것인가?

허용기준치를 통과했다는 말도 좀 더 냉정하게 생각해 보자. 위험물질 10%를 넣으면 부작용이 생기므로 10%를 넣어 파는 것을 금지한다고 했을 때, 8~9%까지 넣어 파는 것은 법으로 허용한다는 것이다. 허용기준치란 1회 사용의 경우를 기준으로 정한 것이다. 적법한 양이지만 매일, 하루 24시간 화장품을 통해 누적되는 과도한 위험물질을 우리 피부와 몸은 어떻게 견딜 것인가? 적법한 기준으로 만든 화장품이라도 각기 다른 회사제품 여러 종류를 매일 바를 때는 생각지도 못한 위험한 화학물질이 될 수도 있다.

요즘처럼 정보가 개방된 시대에 제대로 알아보지도 않고 무작정 광고만 믿고 사용하는 소비자의 탓이 없는 것은 아니지만, 소듐솔베이트, 메칠파라벤, 프로필파라벤, 부칠파라벤, 이소부칠파라벤, 락틱애씨드, 하이드록시시트로넬알… 이렇게 복잡하게 무수히 나열된 성분을 일반인이 어떻게 알아보나?

화장품 인가 기준은 바르고 다음 날 또 바르기를 적어도 보름이나 한 달쯤 계속하고 난 다음에 피부에 미치는 영향력을 보면서 결정하는 것이 올바르다는 것은 상식이지만, 실제로는 1회 사용으로 허가 여부를 결정한다.

그러므로 발림성 좋은 화학화장품은 하루가 아니라 석 달, 일 년 이런 식으로 긴 시간을 두고 바르고 난 다음의 결과로 판단하면 날이 갈수록 피부를 상하게 하는 무서운 물질의 집합체일 가능성이 높다.

2. 보습화장품 – 엉뚱하게도 건성 피부의 주범!

여성들 대부분은 세안 후 습관적으로 보습제 등을 바른다. 즉시 바르지 않으면 속수무책으로 당기기 때문이다. 얼굴이 축축하도록 보습제를 바르고 나서야 비로소 안심한다. 그런데, 이런 습관이 든 사람은 모두가 건성 피부다. 보습제가 실제로는 건조증상을 더욱더 악화시키기 때문이다.

또 한 가지, 보습크림, 수분 스킨 등 여러 가지를 사용해서 피부를 촉촉하게 유지하는 것이 미용의 필수조건인 줄 아는 사람이 많은데, 피부의 수분 타령은 악건성 피부라는 명확한 증거다. 축축한 피부가 미용의 필수조건인 듯 착각하게 만들어서 매상을 올리려는 화장품회사의 농간에 넘어간 것이다.

건강한 피부는 약간 건조한 상태다. 화장을 시작하지 않은 아이들의 피부를 만져 보라. 부드럽고 건조한 상태이지만 아무 불편 없이 잘 지낸다. 이런 피부에 보습제 등을 바르면 건강한 것과는 거리가 먼, 기분 나쁜 축축한 상태가 된다는 것은 상식이다. 건강한 아이들 피부라도 보습제를 계속 바르면 악건성에 노화가 빠른 피부로 변해 버릴 것이다.

1) 히알루론산과 콜라겐

보습화장품의 주성분은 히알루론산과 콜라겐 그리고 실리콘이다. 히알루론산과 콜라겐은 모두 고체이며 입자가 큰 분자라서, 화장품 원료로 쓸 때는 분말의 형태를 화장수에 녹여 탁한 액체로 만든다. 피부에 바르고 한두 시간 지나면 히알루론산도 콜라겐도 모두 원래의 분말 상태로 돌아간다. 분말은 수분이 증발하기 쉽게 만드는 성질이 있어서 피부 표면에 소량 남은 화장수의 증발을 가속화하고, 결국은 피부의 수분까지 빼앗아 간다.

보습화장품을 바르는 것은 원리적으로 보면 기저귀 때문에 짓무르는 것을 막기 위해 아기들에게 베이비파우더를 바르는 것과 마찬가지다. 시간이 지나면서 분말 상태로 돌아간 히알루론산과 콜라겐이 수분을 빼앗아서 피부를 오히려 더 건조하게 만드는 것이다.

2) 실리콘

실리콘은 통기성이 약하며, 물에 잘 스며들지 않고, 발림성이 뛰어난데다 땀이나 물에 쉽게 지워지지 않는 성질이 커서 화장품에 쓰인다. 화장품 속 실리콘은 '사이클로펜타실록산', '사이클로테트라실록산', '디메치콘' 등 다양한 성분명으로 표시되어 있다.

화장품 업체들은 "피부를 감싸 수분이 날아가는 것을 막는다"라고 말하지만, 실리콘이 피부를 너무 완벽히 감싸 피부가 숨 쉬는 것을 막는 것은 물론 피부 속 독소가 배출되는 것도 막아 염증과 트러블을 일으킬 우려가

크다고 다양한 연구에서 밝히고 있다.

"보습제는 피부 보호막을 강화해 준다"고 굳게 믿고 사용하지만, 감쪽같이 속은 것을 알고 나면 기분이 어떨까? 화사한 향기, 바르는 순간의 촉촉함, 발림성과 같은 유혹에 넘어가서 매일같이 보습제를 사용하는 것은 실제로는 피부 건조작업을 반복하는 것이다.

메마르고 건조한 피부에 곧바로 찾아오는 것은 노화요, 주름이다.

3. 영양크림, 오일 - 모공을 분화구처럼 키운다고?

1) 영양크림

크림은 원래는 피부과에서 피부 속으로 침투시킬 필요가 있는 약을 섞어 사용하던 것이다. 크림은 계면활성제를 사용해서 물과 기름을 발림성이 좋은 점증제로 바꾼 것인데, 침투력이 높은 계면활성제가 피부의 보호막(각질)을 벗겨 내는 힘이 너무 강해서 염증과 같은 부작용이 생기므로 현명한 의사들은 피부에 크림을 사용할 때의 폐해보다도 효과가 크다고 판단할 때만 사용한다.

의료용 크림을 미용의 목적으로 만든 것이 보습크림, 나이트크림, 아이크림 등이다.

이런 영양크림에는 각질을 녹이는 계면활성제와 오일 외에도 다양한 '미용 성분'이 배합돼 있다. 이 성분들이 모공을 녹이면서 침투하는데, 침투한 성분은 바로 산화돼 유해한 산화물로 변한다. 이렇게 되면 주위의

조직은 산화물을 이물질로 인식해 이를 배제하기 위한 반응을 일으킨다. 이것이 바로 염증이다.[9)]

영양크림을 매일매일 사용한 사람들의 피부를 현미경으로 보면 대부분 모공 주위에 염증이 가득하다. 모공의 염증이 만성화되면 멜라닌이 증가해 피부가 갈색으로 변하면서 기미가 생기거나 피부가 칙칙해진다. 심한 경우 모공이 분화구처럼 커져 버린다. 이는 표피를 받쳐 주는 역할을 하는 진피의 콜라겐이 계면활성제에 녹아 버렸기 때문이다.

피부병을 고치기 위한 목적이 아닌데도 영양크림을 계속 사용하는 것은 촉촉하고 향기로우며, 일시적으로는 효과가 뛰어난 듯 여겨지기 때문이다. 그러나 알고 보면 오일과 계면활성제의 높은 침투력으로 매일같이 피부 속으로 미용 성분이라는 이물질을 밀어 넣으면서 생기는 부작용을 겪게 되는 것이다.

2) 영양크림 속 오일 성분은 부담스러운 존재

(1) 피부 온도를 높이는 오일 성분(기미, 주근깨)

나이트크림같이 잠자기 전에 바르는 영양크림에는 오일 성분이 40%나 된다. 과다한 오일 성분을 바르게 되면 피부에 비닐로 씌워 놓은 것 같은 효과가 발생한다. 피부는 호흡을 통해 일정한 온도를 유지하게 되는데, 오일 성분막으로 인해 비닐하우스 내부에 있는 것과 같이 온도가 올라가게 된다. 피부 온도가 높아지면 따가운 햇볕 아래서처럼 '멜라노사이트' 세포에서 계속 멜라닌을 만들어 내면서 기미나 주근깨, 심한 경우 흑피증

9) 우츠기 류이치, 윤지나 역, 『화장품이 피부를 망친다』, 청림Life, 2014, 89쪽.

까지 불러일으키는 역효과가 나타나게 된다.

(2) 자외선을 2배나 흡수하는 오일 성분(쏟아져 나오는 각질)

오일 성분 화장품을 바르고 햇빛을 받으면 바르지 않았을 때보다 2배나 많은 자외선을 흡수하는 것으로 나타났다. 피부는 자외선에 오랫동안 노출될수록 각질층을 두껍게 만드는 성질이 있으므로 오일 성분 화장품을 바르고 있는 시간이 길어질수록 피부는 그만큼 많은 자외선을 흡수하고, 그로 인해 '각질비후'가 빠르게 진행될 수밖에 없다.

각질이 이유 없이 계속 일어나는 것은 오일 성분 화장품을 지속적으로 사용한 결과일 수 있다. 피부가 오일로 끈적끈적한 상태가 되면서 떨어져 나가지 못하고 두툼하게 엉겨 붙어 있던 각질 세포가 오일을 바르지 않았을 때 쏟아져 나오는 것이다.

(3) 피부에 압력으로 작용하는 오일 성분(건성 피부, 빠른 노화)

피지는 피부 표면의 피지 압력이 약해질 때 활발히 분비되어 땀과 섞여서 피부를 촉촉하고 부드럽게 해 주는 것이다. 그런데 오일 성분 함량이 높은 나이트크림이나 영양크림 같은 것을 바르면 과도한 오일 성분으로 인해 모공이 막히면서 피부 표면의 압력이 강해져서 피지가 제대로 분비되지 못한다.

모공 속에는 오일 성분을 배출하는 피지샘이 있고, 혈관과도 연결되어 있다. 모공이 막혀서 피지가 제대로 분비되지 못하면 피부를 통과하는 혈액도 자연스럽게 순환되지 않게 되고, 나아가 피부호흡도 원활하지 않게 된다.

매일 밤 이런 원활하지 못한 과정이 되풀이되다 보면 모공 속에는 미처 배출하지 못한 찌꺼기들이 겹겹이 쌓이게 된다. 이런 상태가 반복되는 사이에 피지선의 기능은 저하되고 피부에도 나쁜 영향을 미치기 시작한다. 즉, 피부가 건성으로 변하며, 빠르게 노화하는 것이다.

3) 유액이나 미용액 등과 같은 화장품은 어떨까?

이런 화장품들도 계면활성제나 오일을 이용한다는 점에서 마찬가지이다. 모두 자가보습인자를 녹여 피부의 보호막을 망가뜨린다. 매일 정성껏 바르는 크림이나 유액, 미용액, 오일류는 화장수와 마찬가지로, 아니 그 이상으로 피부의 보호막을 녹이고 건조하게 만들며 염증까지 일으킨다.

4) 호호바오일, 올리브유, 동백기름 등과 같은 순수 오일은 어떨까?

순수 오일에는 계면활성제가 들어 있지 않으므로 크림보다는 나을 것이다. 그러나 기름은 기름에 녹기 때문에 순수 오일이라 하더라도 보습의 주도적인 역할을 하는 각질층과 세포간지질을 녹인다. 여기서 각질층은 보습막이며, 세포간지질은 물과 기름이 겹겹이 층을 이룬 천연보습 성분이다.

오일은 공기 중에서 시간이 지나면 산화돼 과산화지질로 변한다. 이는 피부에는 이물질이기 때문에 염증을 일으키고, 만성화되면 멜라닌이 늘어나 피부가 칙칙해진다. 오일을 오랜 기간 계속 사용하면 피부가 거무스름해지는 '오일에 타는 현상'이 나타나며, 피부가 위축돼 얇아진 피부는 피하의 표정근이나 혈관이 비쳐 보이기 쉬워 칙칙해 보일 수 있으며 미세한 잔주름이 빠르게 늘어난다.

4. 스킨 – 각질을 녹이는 알코올

1) 전성분 분석으로 본 스킨

비싼 가격을 지불하고 구매해서 열심히 사용했는데 피부가 더 상했다고 속상해하면서도 이상한 것은 화장품이나 화장품 판매자를 탓하지 않고 자신의 피부 탓만 한다.

혹시나 화장품을 사용하고 이상이 생기면, 내 피부 탓만 할 게 아니라 화장품회사와 근거 없는 비과학적인 말을 직업적으로 하는 판매자를 탓할 줄도 알아야 한다!

그리고 일반인은 도무지 알아볼 수 없는 전문화학용어로 전성분표를 가득 채워 넣는 화장품회사들의 검은 속셈도 짐작할 줄 알아야 한다.

어느 회사 스킨의 전성분을 분석해 보니 다음과 같았다.

- 전성분: 정제수, 변성알코올, 아크릴레이트코폴리머, 소듐하이알루로네이트, 카보머, 피이지-60하이드로제네이티드캐스터오일, 알란토인, 잔탄검, 트리에탄올아민, 디엠디엠하이단토인, 디소듐이디티에이, 녹차추출물, 알로에베라잎추출물, 유자추출물, 마치현추출물, 어성초추출물, 황금추출물, 화피추출물, 석영…

전성분에서 앞에 자리한 성분일수록 함량이 높다는 것이다. 제일 끝에 기록된 석영은 0.01% 정도라 무시해도 되는 수준이란 말이다.

분석해 보면 정제수가 가장 많이 쓰였고, 그다음이 변성알코올(계면활성제처럼 각질을 녹여서 건성 피부로 만든다)이다.

'아크릴레이트코폴리머'는 어느 모로 보나 골칫거리 미세플라스틱 원료물질이다. 간단히 말해서 피부에 실리콘 막을 씌워서 촉촉한 수분인 듯 착각하게 하는 물질이다.

'소듐하이알루로네이트'는 '히알루론산' 유도물질이다. 콜라겐이나 히알루론산은 수분 보충 등 복잡한 말이 많지만 전부 빈말이다.(콜라겐이나 히알루론산은 분자가 너무 커서 피부에 흡수되는 것은 불가능하다고 앞에서 설명했다.)

'카보머'는 점증제이다. 트리에탄올아민 같은 알칼리물질과 혼합하는 과정에서 독성 발암물질이 발생한다고 시끄러웠던 적이 있었다. 그렇지만 투명하고 점도 높은 알로에수분크림이나 쫀득하다는 에센스 같은 것을 만드는 데 필수성분이라 계속 이름을 바꿔서 사용한다. 화학자들도 나쁜 줄 이미 알고 있지만, 웬일인지 입을 닫고 있다.(투명한 알로에 수분크림을 순수한 알로에로 알고 있는 사람이 의외로 많다.)

'디소듐이디티에이'는 안정제, 즉 방부제다. '파라벤' 이런 명칭은 소비자들이 악명 높은 성분으로 알아보는 불편한 성분명이므로 이름을 슬쩍 바꾼 것이다.

'디엠디엠하이단토인'은 살균 보존제이다. 이것도 역시 방부제이다.

'~추출물', '~유래' 이런 표기는 식물 본래의 효능을 전혀 기대할 수 없는 화학물질이며. 이는 소비자를 현혹하는 말장난에 지나지 않는다는 것을 식약처의 천연화장품 기준에서 설명했다. 심지어 화학테크놀로지를 활용하여 천연 성분과 분자구조만 같은 저렴한 물질을 대량 합성했을 수도 있다.

기준 함량을 초과하지 않았으니 이상 없다고 말하는 화학자들이 많지만, 법정 제한량이 0.2% 이내일 정도로 극소량인 화학물질들이 첨가된 화장품이 피부에 무슨 도움이 될까?

바르면 바를수록 피부가 상한다고들 말하는 이유는 이렇게나 많은 종류의 좋지 못한 화학물질들이 피부에서 뒤섞여 일으키는 '칵테일 효과' 때문이다.

2) 에탄올 - 각질을 녹이는 스킨의 주성분

스킨 사용의 주목적은 무엇일까? 얼굴을 시원하게 하는 해열작용이 있는 것 같으니 모공축소? 보습? 사실일까?

스킨의 주성분은 에탄올 또는 더 험한 변성알코올이다! 각질은 물과 오일이 혼합된 전해질이다. 각질보다 훨씬 고농도인 주방의 찌든 기름때까지도 간단히 녹여 버리는 에탄올은 각질의 오일 성분 정도는 간단히 녹여 버린다. 묽게 희석했다 해도 하루도 빠짐없이 아침저녁으로 바르면 각질이 심하게 손상된다는 것은 불을 보듯 뻔하다.

각질이 녹아 버리면, 피부의 천연보습막이 녹아 버린 것이니 건성 피부가 된다. 각질이 녹아 버린 피부는 미세한 상처투성이가 되어서 붓기가 가득한 큼직한 얼굴이 되는 것이다. 미세한 상처들로 붓기가 가득한 피부에는 노화가 빠르게 찾아온다.

피부의 각질을 녹인다는 점에서 에탄올은 계면활성제와 마찬가지로 피부를 불편하게 하는 화학물질이다.

제11장

위험한 합성계면활성제 3종 세트 - 폼클렌징/샴푸/바디클렌저

1. 이중으로 상처를 주는 폼클렌징

클렌징의 주성분은 지우기 힘든 유성 파운데이션을 한 번에 지우는 강력한 효과가 있는 대량의 계면활성제다. 이는 동시에 피부의 보호막 기능을 하는 천연보습인자까지도 녹여 남김없이 벗겨 낸다.

클렌징 후 비누로 이중 세안을 해야 하는 이유는 유해한 계면활성제가 피부에 남아 있기 때문이다. 그런데 이때 사용하는 비누에도 대부분 계면활성제가 있으니 피부 손상이 심각해진다. 계면활성제가 없는 순비누를 잘 골라서 써야 한다.

클렌징과 비누에 든 계면활성제가 얼굴을 씻을 때마다 피부의 자가보습인자 안으로 녹아들어 보호막 기능을 저하시킨다. 피부가 보호막을 잃게 되면 오일이나 계면활성제 등이 피부 속으로 침투해 '피부내벽 구조'까지 파괴한다.

파괴된 '피부내벽 구조'는 재생되는 데 빨라야 3~4일이다. 매일 폼클렌징이나 과도한 세안을 반복하다 보면 재생된 부분부터 닦여 나간다. 게

다가 이 '피부내벽 구조'는 그 어떤 보습제로도 대신할 수 없다.

클렌징의 또 다른 커다란 폐해가 있다.

파운데이션을 폼클렌징에 잘 녹아들게 하기 위해서는 크림을 바를 때 이상으로 피부를 문질러야 한다. 대량의 계면활성제가 들어 있고 피부를 심하게 문질러야 하므로 화장수나 크림보다도 훨씬 심하게 피부에 상처를 주는 것이 바로 폼클렌징이다.

2. 폼클렌징만큼이나 무서운 화학샴푸

1) 사람이 쓰는 샴푸가 애견샴푸보다 더 독하다고?

애견샴푸가 떨어져서 사람이 사용하는 샴푸로 며칠을 아무 생각 없이 강아지를 목욕시켰다가 낭패를 당했던 기억이 있다. 어느 날부턴가 강아지가 뒷발로 온몸을 긁으면서 낑낑거려서 자세히 살펴보니 피부에 뭔가가 빨갛게 오돌토돌 솟아 있었다. 급히 동물병원으로 갔다.

강아지 몸을 찬찬히 살펴보던 젊은 동물병원 의사는 익히 아는 듯이 "사람이 사용하는 샴푸로 씻겼나요?"라고 물었다. 자초지종을 듣고 나더니 "개의 피부는 얇고 부드러워서 사람이 쓰는 유독한 샴푸를 사용하면 대부분 이렇게 심하게 피부 손상을 입습니다!" 하고 말하며 우리가 쓰는 것보다 3배나 비싼 샴푸를 권했다.

사람이 쓰는 샴푸가 애견샴푸보다 독하다고? 이 무슨 충격적인 말인가!

집으로 돌아와서 샴푸 성분을 꼼꼼히 살펴보니 화학물질을 좀 아는 사람이라도 알아먹지도 못할 복잡한 성분들이 나열되어 있었다.

2) 샴푸의 성분분석표

① 페녹시에탄올

: UN 세계보건기구(WHO) 산하 국제암연구소에서 1군 발암물질로 규정한 '에틸렌옥사이드' 성분으로 합성한 방부제이다.

② 징크피리치온

: 유독물로 분류된 원료로 임산부가 사용할 경우 두피에서 체내로, 다시 태아로 옮겨갈 가능성이 있는 원료. 1998년 교토 국립환경연구소 연구원 '고카 고이치'가 실험에서 10~100만 배 희석한 물에서 기형 열대어(제브라피쉬)가 태어났다고 보고한 환경오염 물질이다.

③ 소듐메틸코코일타우레이트

: 독소가 있는 '이소프로판올'을 함유하는 계면활성제. 황산(설페이트)은 단백질 구조변성과 세포막 파괴를 유발한다. 즉 두피 장벽과 모낭을 파괴한다.

프로필렌옥사이드는 WHO 산하 국제암연구소에서 2군 발암물질로 규정한 원료다.

④ 폴리쿼터늄-10

: 4급 암모늄염으로 단백질 구조변성과 세포막을 파괴할 수 있으며 두

피의 가려움증과 문제성 두피를 유발할 수 있는 양이온성 계면활성제다.

⑤ 구아하이드록시프로필트라이모늄클로라이드

: 4급 암모늄염으로 가려움증 유발 및 단백질 구조변성과 세포막을 파괴할 수 있는 양이온성 계면활성제이다. 유럽연합(EU)에서 발암물질로 규정했다.

⑥ c12-15알킬벤조에이트

: 안식향산 및 그 염류에서 파생된 것으로, 암을 생성하거나 건강한 세포를 죽이며 DNA를 공격하는 성분이다.

⑦ 피이지-150펜타에리스리틸테트라스테아레이트

: WHO 산하 국제암연구소에서 1군 발암물질로 규정한 에틸렌옥사이드 성분으로 합성한 계면활성제이다.

⑧ 코카마이드엠이에이

: WHO 산하 국제암연구소에서 1군 발암물질로 규정한 에틸렌옥사이드 성분으로 합성한 계면활성제이다.

⑨ 다이메티콘

: 캐나다에서 유해 독성물질로 등록되었다. 불임의 원인이며 자궁종양을 일으키며 체내에 잔류한다.

⑩ 코카미도프로필베타인, 피피지-3카프릴릴에터, 피피지-2하이드록시메틸코카마이드

: WHO 산하 국제암연구소에서 2군 발암물질로 규정한 아크릴로니트릴, 프로필렌글라이콜 성분과 합성한 계면활성제이다.

무심히 지나치던 샴푸의 성분을 처음으로 자세히 조사하면서 성질별로 분류해 보니, 합성계면활성제, 합성컨디셔닝제, 화학성 유효성분, 합성방부제, 화학성 보습제, 합성점증제, 합성향료로 분류되는 성분이 다양한 명칭으로 채워져 있다. 성분분석표를 통해 성분 하나하나를 꼼꼼히 살펴보니 WHO 산하 국제암연구소에서 1군, 2군 발암물질로 규정한 성분들이 부지기수다! 기가 찰 노릇이다.

1군 발암물질은 동물은 물론 인간에게도 암을 유발한다고 밝혀진 발암물질로 유전자를 변형시켜 백혈병과 유방암을 유발하며, 태아의 자연유산, 신경파괴, 사고와 기억감퇴 등의 발생과 연관이 있는 것으로 알려져 있다.

2군 발암물질은 동물실험에서 뇌암, 유방암, 위암 외 다수 암을 유발하는 성분이다.

이런 샴푸로 매일 머리를 감고 있었다고? 시간을 내서 마트에 가서 살펴보니, 샴푸마다 거의 대동소이한 성분 20~30가지가 전성분표를 빼곡히 채우고 있다. 어떻게 해야 이 심각한 화학물질의 올가미에서 벗어날 수 있을까?

3) 전성분표시제(제3차 화장품 공해)

샴푸의 더 큰 문제점은 '칵테일 효과' 즉 나쁜 성분과 나쁜 성분이 만나서 더욱더 유독한 성분이 생성된다는 것이다. 다음의 예를 살펴보자.

- 소듐벤조에이트 + 시트릭애씨드
  = 벤조익애씨드(안식향산)로 전환 = 벤젠 생성
- 폴리쿼터늄 계열 + 아민계열(TEA, DEA, MEA)
  = 1급 발암물질 니트로사민 생성
- 레시틴 + 아민계열(TEA, DEA, MEA)
  = 1급 발암물질 니트로사민 생성

어떻게 이런 성분들이 사용허가가 날까? 전성분표시제를 '3차 화장품 공해'라 하는 이유가 여기에 있었구나! 화학물질이 무서운 줄은 알고 있었으나, 음식은 식품첨가물 피해서 그렇게 가려 먹으면서, 매일 같이 머리에 화학물질을 퍼붓고 있었구나!

경피독(經皮毒, 피부로 스며들어 10~20년에 걸쳐 서서히 문제를 일으키는 독소)이 온몸에 쌓이고 쌓였겠구나! 주변 사람들이 원인도 모르게 앓았던 병의 큰 원인이었을 수도 있겠구나!

저런 제품이 얼마나 유독한지를 아는 제조회사 사장은 다른 회사제품을 사용하지 않을까 하고 시간을 두고 관찰했는데, 아니올시다! 부인, 딸들, 가까운 친척이나 친구 순으로 그 회사제품을 풍족하게 가져다주는 호의를 베푼다. 자기 회사에서 만드는 제품이 유독한지 아닌지를 전혀 모르는 것이 틀림없다. 법적인 규제를 벗어나지 않고 만든 것이니 자신 있게 가족들에게 넉넉히 제공하는 모양이다.

"다른 회사 제품을 쓰려니 눈치 보인다"는 사장 부인의 말이 기억에 남는다.

4) 산부인과 의사, 환경운동가들이 말하는 샴푸 - 후나세 슌스케(船瀨俊介)

> "시판되는 합성샴푸를 생쥐 등에 바르는 실험을 한 적이 있었다. 그랬더니 털이 빠지고 피부는 짓물러서 3분의 1이 피를 토하며 죽었다."[10)]
>
> —미애대학 의학부, 사카모토(三重大學 醫學部, 坂本) 박사 실험

산부인과 의사들로부터 "출산한 여성의 양수에서 산모가 평소 즐겨 사용하던 샴푸 냄새가 난다"라는 말을 들은 일본의 환경운동가 후나세 스케(船瀨俊介)는 "산모가 설탕과 유화제가 듬뿍 든 아이스크림을 좋아하고, 짙은 향기를 가진 화장품이나 샴푸 등을 사용하면서 세상 그 무엇보다 깨끗해야 할 양수가 설탕물처럼 달콤해지고, 샴푸 냄새가 날 정도로 오염되었다"는 끔찍한 연구결과를 말한다.

계면활성제와 인공 향료 덩어리인 합성샴푸와 린스가 피부를 동해 체내에 침투해 태반을 거쳐 양수에 들어간 것이다. 샴푸나 헤어케어 상품의 정체는 탈모나 피부 짓무름을 촉진하는 무서운 화학물질이다. 머리카락 끝이 갈라지거나 탈모, 대머리, 백발이 늘어나는 것도 당연하다.

10) 후나세 순스케, 윤새라 역, 『의식주의 무서운 이야기』, 어젠다, 2014, 126쪽.

그런데도 TV나 잡지의 광고는 아름답기만 하니 엉뚱하기만 하다!

5) 샴푸 없이 어떻게 머리를 감나요?

(1) 미지근한 물로만 씻기

'우츠기 류이치(宇津木龍一)' 박사는 안티에이징 전문의다. 그는 노푸(샴푸나 비누 없이 머리감기)를 유행시킨 장본인으로, 아래와 같이 노푸를 찬양한다.

> 최근 5년 동안 비누와 샴푸를 전혀 사용하지 않고 미지근한 물로만 씻고 있다.
> 결과는 대만족이다. 머리카락에 물을 조금 묻혀 빗기만 해도 머리 손질이 끝나는 것도 즐거운 변화다. 모발의 표면을 코팅하고 있는 콜레스테롤이나 지방산과 같은 기름이 적당히 남아 헤어 제품의 역할을 하는 것으로 보인다. 그런데도 머리가 떡이 지지 않고 항상 찰랑거린다.
> 가늘고 힘이 없었던 머리카락이 굵어지고 힘이 생겼다. 샴푸의 계면활성제 등으로 인한 두피 손상이 없기 때문일 것이다.
>
> 체취가 줄어든다.
> 냄새의 근원 중 하나는 피지가 산화해서 생기는 과산화지질이다. 매일 비누나 샴푸로 피지를 문질러 닦아 내면 몸은 이를 보충하려고 대량의 피지를 분비하게 되고, 과산화지질 등 냄새의 근원이 되는 것의 양도 늘

어 오히려 체취가 강해지는 경향이 있다.[11)]

(2) 순비누로 감기

노푸에 적응하는 데는 보통 보름 정도 기간이 소요된다. 일반적인 환경에서 사회생활을 하는 사람에게는 시도할 용기조차 생기지 않는다. 이런 경우 샴푸보다 비누로 씻는 게 이론적으로는 낫지만, 계면활성제를 포함한 여러 가지 화학물질이 들어 있는 '화장비누', '약산성비누' 등은 피하는 게 낫다.

이물질이 들어 있지 않은 순비누로 씻기를 권한다. 순비누 중에서도 '들꽃純비누'는 '박하', '소루쟁이', '한련초', '금은화', 산국 등 두피 건강에 도움이 되는 식물들을 잘 숙성시킨 효능액으로 장기 숙성한 비누이므로 두피와 모발 건강에 도움이 된다.

(3) '식물효능샴푸'로 감기

샴푸의 가장 큰 문제점은 '계면활성제'와 '화학첨가물'이다. 계면활성제는 모발의 표면을 코팅하고 있는 콜레스테롤이나 지방산과 같은 기름과, 상재균을 씻어 내는 것 외에도 '계면활성제'에 녹은 두피를 통해 유독한 '화학첨가물'을 침투시켜서 경피독이 쌓이게 하는 것이다.

EWG 그린등급 0~2의 '녹색등급' 샴푸라 해도 안심할 수 없는 이유는 화학 합성성분들로 만들어졌기 때문이다. 이런 단점이 있는데도 샴푸를 꼭 사용해야 한다면 '천연물 재료 샴푸'를 권한다. '식물효능샴푸'는 천연물 재료 샴푸다.

11) 우츠기 류이치. 윤지나 역, 『화장품이 피부를 망친다』, 청림Life, 2014, 165쪽.

'식물효능샴푸'는 코코넛오일에서 추출한 성분을 글루코스(과일당)와 결합하여 얻은 위험성이 가장 낮은 수준으로 평가받은 천연계면활성제 코코글루코사이드와 사탕수수의 탄수화물을 발효시킨 순식물성 점증제 잔탄검을 사용한다. 그 외의 유해 화학물질은 첨가하지 않는다.

유해 화학물질 대신 박하, 금은화, 소루쟁이, 한련초, 쑥부쟁이 같은 차가운 성질의 식물을 장시간 숙성한 효능액을 사용한다. 두피와 모발 건강에 좋은 숙성된 '식물효능샴푸'는 다음과같은 효능이 있다.

- 깨끗한 두피를 만든다.
- 손상된 모발이 빠르고 건강하게 회복된다.
- 심한 탈모가 해소된다.

3. 바디샴푸, 바디클렌저 – 넓은 면적, 모공 구석구석으로 스며드는 나쁜 화학물질

1) 목욕물 속의 염소

한 연구에 따르면 수돗물로 15분간 온수욕을 하면, 수돗물 1L를 마셨을 때보다 600배에 이르는 양의 염소가 몸에 흡수된다고 한다. 체온이 올라서 인체 중 가장 넓은 기관인 피부의 모공이 열리면서 흡수율이 10배 이상 증가하기 때문이다.

염소에는 강한 산화력이 있어서 세포를 녹슬게 해 피부 노화의 원인이 된다. 아토피성 피부염 같은 알레르기 체질인 사람이나 피부가 약한 사람은 말할 것도 없고, 건강한 어른에게도 수돗물에 들어 있는 염소의 위험성을 지적하는 보고가 많다. 더군다나 한국은 수돗물에 투입하는 염소의 양이 세계적으로 봐도 많은 나라다.

피부 온도가 올라간 상태에서 타월로 문질러 필요 이상으로 각질을 벗기면 더욱 많은 양의 화학물질이 흡수된다. 습관적으로 사용하는 바디클렌저, 바디스크럽, 버블배스, 배스붐, 바디오일, 바디로션 등 바디 관련 제품들의 성분이 몸에 미치는 영향을 자세히 알아보면, 폼클렌징이나 샴푸보다 더욱더 무서운 것이라는 것을 알게 된다.

2) 너무나 독해서 썩지도 않는 바디샴푸, 바디클렌저

바디샴푸, 바디클렌저 같은 바디제품의 유통기한이 한참 지나도 상할까 봐 걱정하지 않는 것은 유통기한이 지났다 해도 부패한 제품을 본 적이 없기 때문일 것이다.

화장품회사들은 클렌징 제품을 만들 때 피부에 잠시 머물고 바로 씻겨 나간다는 예상하에 높은 농도로 배합한다. 또 하나의 이유는 바디 제품들은 얼굴용보다 가격이 낮게 책정되므로 단가상 천연향료나 천연색소를 쓸 수가 없다. 그래서 대부분의 바디용품은 값싸고 높은 농도의 계면활성제, 방부제, 보존제, 인공향, 인공색소의 총집합체가 되므로 썩는 것과는 상관없는 무서운 물질이 되는 것이다.

3) 싸구려 계면활성제, 방부제, 인공향 등의 끝판왕 '버블배스'

바디용품 중 거품이 많은 편인 바디샴푸는 전체 양의 30~40%가 계면활성제다. 버블배스의 경우 자세한 비율은 회사들이 영업상 기밀로 감추고 있으나 욕조를 물 반, 거품 반으로 만들려면 40~50% 이상 배합되어야 한다. 거기에 무엇보다 중요한 선택 요인인 향기로운 인공 향을 추가하는데, 뚜껑을 열지 않고도 어떤 향인지 알 수 있을 정도다.

따뜻한 물에 푼 거품 속에 짧게는 10분, 길게는 30~40분 동안 몸을 담그면 피부의 모공이 열리고 계면활성제와 같은 여러 유해성분을 아주 잘 흡수할 수 있는 상태가 된다. 향기로운 빨래 세제에 몸을 담그고 있는 것이나 다름없다.

피부로 흡수되는 독성물질을 경피독이라 한다. 경피독은 당장은 모르지만 10~20년에 걸쳐 서서히 문제를 일으키는 독소이다. 아토피, 불면증, 만성피로, 신장, 심장, 뇌의 장애를 가져올 수 있다. 아이들의 경우 주의력결핍과잉행동애(ADHD)를 유발하기도 한다.

4. 바디샴푸, 바디클렌저보다 무독성 비누로!

팔이나 다리의 피부가 당긴다는 사람이 의외로 많다. 이런 사람들은 대부분 바디샴푸, 바디클렌저를 사용한다. 화장품의 계면활성제에 얼굴의 각질이 녹아 버려 악건성 피부가 많듯 바디샴푸, 바디클렌저가 온몸의 각질을 녹인 탓에 각질 아래 보습 성분이 다 빠져나가면서 온몸이 당기는 것이다.

피부와 건강을 생각하면 옛날처럼 비누로 세수도 하고, 목욕도 하는 것이 최선의 방법이다. 문제는 현재의 세숫비누도 계면활성제와 인공향, 인공색소에서 자유로운 것이 거의 없다는 것이다. '화장비누', '약산성비누'를 포함한 프리미엄급 비누가 정도가 더 심하다. 여기에 대해서는 제13장 '비누의 종류'에서 자세히 설명하기로 한다.

제12장

알아 두면 쓸모 있는 비누에 관한 상식

옛날에는 폼클렌징 없이 비누 세안만으로 파운데이션 정도는 충분히 지웠다. 그런데 요즘은 폼클렌징 후 비누로 이중 세안하는 것이 상식이 되어 버렸다. 비누의 세정력이 옛날보다 떨어지기 때문이다. 비누의 세정력이 떨어지는 것은 계면활성제, 방부제, 경화제 등 이물질을 첨가했기 때문이다.

비누에 대해 기본지식을 갖추고 찾아보면 지금도 세정력과 보습감이 높은 '순비누'를 구할 수 있다. 세정력과 보습감이 높은 비누는 세안, 목욕, 머리 감기가 모두 가능하므로 폼클렌징, 샴푸, 바디클렌저의 유독한 계면활성제를 피할 수 있다.

1. 순비누 세안을 권하는 전문가들

피부에는 유해균의 침입으로부터 피부를 보호하는 150종 이상의 미생물이 살고 있다.

이들을 상재균이라 한다. 앞에서 설명하였듯이 피부미인의 필수조건은 각질과 상재균을 보호하는 방식의 생활이다.

계면활성제와 방부제가 뒤엉킨 합성세제(클렌징, 샴푸, 바디클렌저 등)는 각질을 녹여서 유독 성분이 피부로 스며들게 하는 것 외에도 방부제가 피부 표면의 상재균을 살균하므로 피부보호를 위해서는 합성세제를 피해야 한다.

안티에이징 학자 우츠기 류이치(宇津木龍一)는 "안티에이징의 조건은 상재균을 자연 상태 그대로 유지하는 것이다. 상재균을 자연 상태 그대로 유지하기 위해서는 물 세안이 가장 좋으나, 화장을 지우는 등 꼭 필요한 경우에만 순비누를 사용하라"고 권한다.[12]

미용 과학자 오자와 다카하루(小澤王春)는 다음과 같은 이유로 순비누 세안을 권한다.

> "비누 세안 후 피부에 남는 것은 지방산이다. 상재균은 기름을 먹고 소화해서 지방산으로 만들기 때문에 피지는 상재균에게 가장 좋은 음식이다. 따라서 비누로 얼굴과 몸과 피부를 씻는 것은 피지를 잃어버린 피부를 배니싱크림(지방산) 막으로 보호하고, 동시에 미생물을 살리는 것이므로 피부에 도움이 된다."[13]

---

12) 위의 책, 127쪽.

13) 오자와 다카하루(小澤王春), 홍성민 역, 『화장품 얼굴에 독을 발라라』, 미토스, 2012, 145쪽.

2. 비누 사용 후 여러 가지 반응

비누는 사용하는 사람에 따라 반응이 다양하다. 사람마다 피부의 성질이나 개성이 달라서 다르게 표현하는 것도 있겠지만, 한편으로는 비누라 해서 모두가 같은 비누가 아니기 때문이다.

제조 방법에 따라 보습감이나 세정력 그리고 피부에 미치는 영향이 다른 여러 종류의 비누가 있다. 사용 후 다양한 반응에 대해 간단한 설명을 붙여 본다.

Q1. 폼클렌징 없이 비누만으로 세안했는데, 촉촉한 느낌이 참 신기합니다. 미세한 거품도 신기하고요. 화장도 잘 지워지고, 피부 당김도 점점 줄어들어요.

비누화 과정을 통해 형성된 '비누분자'와 오랜 시간에 걸쳐 '천연글리세린'이라는 보습 성분이 충분히 숙성, 건조된 '천연숙성 비누'이기 때문입니다. 순비누의 일종인 '천연숙성 비누'는 세정력도 보습감도 우수합니다. 그런데 순비누에 이물질을 첨가하면서 여러 가지 문제가 생깁니다.

Q2. 비누를 사용하면 따갑고 트러블이 생긴다?

속전속결로 만들어져서 숙성도가 떨어진 공장 비누는 가성소다(NaOH)의 분해가 덜 이뤄져서 따갑고 트러블이 생길 수 있습니다.

Q3. 비누를 사용하니 건조하고 당긴다?

보습성분인 천연 글리세린을 제거하고 세정력만을 가진 비누로 세안하면 얼굴에 유분막이 너무 과하게 제거되어 피부가 건조해지고 거칠어 집니다. 아무리 물을 많이 마시고 미스트를 뿌린다 해도 피부에 적정량의 유분이 없다면 피부는 수분을 머금기 힘들어집니다.

Q4. 화장이 잘 지워지지 않는다?

순비누는 합성세제(클렌징, 바디샴푸) 못지않은 세정력을 가집니다. 공장 비누는 제거해 버린 천연글리세린을 대신해서 화학글리세린을 첨가하게 되고, 비누에 다른 성분이 섞이면서 세정력이 약해지기 때문에 화장이 잘 지워지지 않는 것입니다. 이를 보완하기 위해 합성세제를 첨가하고, 보존 기간을 늘리기 위해 방부제와. 계면활성제, 화학 응고제, 경화제 등 각종 석유화학 계통의 성분들을 대거 첨가합니다. 피부는 이런 첨가물의 독성을 고스란히 안고 가야 합니다.

제13장

비누의 종류

1. 자연물 비누와 화학 비누

만들어지는 방법에 따른 비누의 종류를 알고 나면 피부를 해치는 '화학 비누'와 피부를 보호하는 '자연물 비누'를 구별할 수 있게 된다. 자연물 비누를 사용하면 계면활성제를 피하면서, 피부뿐만 아니라 건강에 큰 도움이 되기도 한다.

1) 비누화 과정

비누의 원료는 유지(동 · 식물성기름), 가성소다(NaOH), 물이다.

유지를 가수분해하면 많은 양의 지방산과 글리세린이 생성된다. 비누화 과정은 지방산과 알칼리(가성소다)가 만나서 세정력을 가진 '비누분자'와 보습력을 가진 '글리세린'이 결과물로 형성되는 과정이다.

2) 순비누

비누화 과정을 거쳐 세정력을 가진 비누분자와 보습력을 가진 글리세린이 충실하게 형성된 결과물이 순비누다. 아무것도 첨가하지 않은 순비누는 합성세제만큼 세정력이 좋아서 폼클렌징 없이 비누 세안만으로도 충분하다. 폼클렌징을 사용하지 않으니 유해한 계면활성제로부터 피부를 보호할 수 있다.

3) 천연숙성 비누

① 숙성 기간

비누화 과정 이후 알칼리(가성소다)가 모두 없어지고 글리세린이 응집되는 과정을 '숙성' 기간이라 한다. 이 기간은 오일이나 유효성분의 배합에 따라 차이가 있지만, 짧게는 3~4주, 길게는 몇 달이 걸린다. 이 기간을 거치면 비누의 글리세린 함량이 높아지고, 단단하게 변하며, 유효성분의 효능도 우러나오게 된다.

② 세안 후 촉촉함

천연 숙성 비누의 보습감이 좋은 것은 비누화 과정의 결과물로 형성된 글리세린이 숙성 기간이 지나면서 단단하게 응축되기 때문이며, 글리세린의 보습 기능이 충실하다는 말이다.

③ '들꽃純비누'

순비누에 여러 가지 들꽃과 효능식물 숙성액을 첨가하여 장기 숙성한 것이 '들꽃純비누'다.

'들꽃純비누'는 미세한 거품이 풍성하고, 화장이 깨끗이 지워지며, 세안 후 촉촉해서 상쾌하다는 것이 일반적인 반응이다.

2. 세정력이 떨어지는 첨가물 비누
– 화장비누, 약산성비누

1) '글리세린'이 빠진 공장 비누

보습력을 가진 글리세린은 점성을 높여 비누를 무르게 하며 기계화 과정을 방해한다.

무른 비누는 이동 및 보관이 어렵고, 단단한 비누로 굳는 긴 숙성 기간 동안 유통할 수 없으니 경제성이 떨어진다. 따라서 공장에서는 대량생산을 위해 염석 과정(소금물을 넣어 끓여 글리세린을 분리하는 것)을 통해 글리세린을 걸러 내서 화장품의 보습 원료로 보낸다.

글리세린을 제거하여 비누 분자만 남은 원료에 세정력을 높이기 위한 합성세제, 보존 기간을 늘리기 위한 방부제. 계면활성제, 화학 응고제, 경화제 등 각종 석유화학 계통의 성분들을 대거 첨가하여 여러 가지 기능성 이름을 붙인 대량의 비누를 속전속결로 만들어 수익성을 높인다.

옛날에는 비누 세안만으로 화장을 지웠고 폼클렌징의 필요성도 느끼지 않았다. 언제부턴가 폼클렌징 후 비누로 이중 세안하는 사람이 많아졌다.

비누 세안이나, 폼클렌징 후 비누로 이중 세안을 하는 것은 피부에 잔류한 유해 계면활성제를 씻어 내서 피부를 보호하기 위한 것이다. 계면활성제를 무서워하면서도 폼클렌징을 사용하는 이유는 옛날보다 비누의 세정력이 떨어졌기 때문이다.

2) 화장비누

글리세린을 제거하고, '비누 분자'만 남긴 원료에 잡다한 성분을 첨가한 것이 화장비누다.

화장비누는 향이 좋고 세안 후에도 촉촉하게 느껴지지만, 방부제. 계면활성제, 화학 응고제, 경화제 등을 섞었기 때문에 세정력이 떨어진다. 순비누에 아무것도 첨가하지 않으면 파운데이션도 깨끗하게 닦아낼 수 있을 만큼 세정력이 좋지만, 화장비누는 제조과정에서 비누 분자만 남은 원료에 잡다한 화학성분들을 첨가하면서 피부에 잔류하여 부담을 주고, 세정력도 떨어지기 때문에 폼클렌징을 사용하게 되는 것이다.

3) 약산성비누

피부가 약산성으로 유지되는 것은 주로 상재균 때문이다. 상재균 덕분에 약산성으로 유지되는 피부는 곰팡이나 효모균, 잡균 등으로부터 보호받는 것이다.

순비누로 세안 후 피부가 잠시 알칼리화되는 것은 순비누가 알칼리성이기 때문이다.

알칼리성인 순비누로 세안 직후 피부가 알칼리화되더라도 상재균 등으로 인해 짧은 시간 후면 약산성으로 돌아온다. 약산성비누를 일부러 쓸 필요가 없다.

약산성비누는 '세안 후에도 약산성으로 유지되지 않을까?' 하는 단순한 발상에서 만들어진 것이다. 약산성비누는 폼클렌징과 다름없는 합성세제로 만든 것이기 때문에 피부의 보호막을 망가뜨려 건조 피부로 만든다. 게다가 다른 화장품과 마찬가지로 방부제까지 들어 있어서 피부를 약산성으로 유지해 주는 상재균을 죽이기 때문에 장기간 사용하면 피부는 오히려 알칼리화되는 경향이 있다.

'피부에 좋은 약산성' 같은 의미 없는 광고 문구에 현혹되지 말아야 할 것이다.

제14장
'들꽃화장수' 제품 설명

1. '트러블해소제'

세안 후 적정량을 트러블 부위에 바른다. 트러블이 심하면 하루 3~4회 이상 트러블 부위에 바른다. 바른 부위가 가렵고, 빨갛게 부풀어 오르는 것은 호전 반응이다.

1) 트러블에 대한 학계의 연구

트러블은 비만, 맹장염, 아토피와 더불어 1950년 이후에야 보고되기 시작한 질병이다. 현재도 문명과 동떨어진 생활을 하는 사람들에게는 이런 질병들이 없다. 그 원인에 관해서는 화학물질과 식품첨가물 때문이라고 추측만 할 뿐, 정확한 치료방법을 모르니 클렌징크림, 스테로이드 등으로 증세를 더 키우는 경우가 많다.

2) 트러블의 주원인으로 지목되는 사항들

(1) 계면활성제에 의한 각질 손상

화장품이나 클렌징류의 계면활성제에 각질이 녹아 버리면서 생기는 미세한 상처를 통해 나쁜 균이 파고들면서 트러블이 생긴다.

(2) 자외선차단제 속에 숨은 화학성분들

① 오일 성분

자외선차단제는 피부 표면에 오랫동안 머물러야 차단력이 지속되므로 오일 성분을 많이 첨가한다. 오일 성분이 피부 표면에 오랫동안 남아 있으면, 피지가 분비되어 나가야 할 모공을 막고, 피부 호흡을 방해하므로 트러블, 여드름을 유발하기도 한다.

② 클렌징크림

세안을 가볍게 하면 오일 성분이 씻기지 않으므로, 많은 양의 클렌징크림을 사용하게 된다. 클렌징크림에 들어 있는 다량의 계면활성제에 각질이 녹으면서 생기는 미세한 상처가 트러블의 큰 원인이 된다.

③ 징크옥사이드, 티타늄디옥사이드

자외선차단제의 주성분인 이 성분들이 트러블의 직접적인 원인으로 추정된다. 미세한 돌가루라 할 수 있는 '티타늄디옥사이드' 같은 성분들이 모공을 막으면서 피부가 붉게 달아오르는 작열감, 트러블 등의 부작용이 생긴다.

(3) 미세먼지

미세먼지가 심한 날 외출 후에 원인 모를 트러블이 생긴다는 사람들이 많다.

원인은 여러 가지겠지만, 큰 원인 중 하나는 미세한 먼지가 모공에 들어박혀서 트러블을 일으키는 것으로 볼 수 있다.

(4) 튀김이나 기름기가 많은 음식

튀김이나 기름기가 많은 음식을 섭취했을 때 모공으로 지방산과 글리세롤이 배출되는데, 잡균들이 침투해 글리세롤만 분해하고 지방산은 남겨 두면서 트러블이 생긴다.

2. '트러블해소제 Ⅱ'(심한 트러블용)

1) 원인 모를 가려움증

원인 모를 가려움증으로 끊임없이 가려울 때 바른다. 처음에는 가려울 때마다 여러 번 바르며, 1~2일 후 가려움이 해결되면 가렵지 않더라도 하루 2~3차례씩, 1주일 정도를 꾸준히 바른다. 화학물질이 없는 식물의 숙성된 효능액이므로 부작용이 없다.

2) 생활습관

- 기름에 튀긴 음식과 구운 고기, 우유, 유제품 등을 피한다.
- 세안 시 계면활성제로 가득한 클렌징류를 사용하지 않는다. '들꽃純비누'나 물세수가 증세 해소에 효과가 있다.
- 보습제, 자외선차단제를 사용하지 않는다! 주성분인 계면활성제, 방부제, 오일, 티타늄다이옥사이드 같은 성분은 피부를 더욱 민감하게 한다.
- 바디로션이나 바디샴푸 같은 화학물질을 사용하지 않는다. 화학물질은 건성 피부를 만들고, 가렵게 한다.
- '트러블해소제 Ⅱ'를 하루에도 몇 번씩 가려울 때마다 바른다! 심한 트러블이라도 생각보다 빠르게 진정된다.

3. '탄미제(彈美劑)'

화장품, 폼클렌징 속에 든 계면활성제에 각질이 녹으면서 트러블과 민감성 피부의 원인이 되는 미세한 상처가 생긴다. 이 상처를 통해 피부의 천연 보습성분이 빠져나가기 때문에 건성 피부가 된다.

'탄미제'를 사용하면, 미세한 상처가 회복되고 천연보습성분이 유지되면서 건성 피부에서 벗어나게 된다. 붓기가 가라앉으면서 맑고 탄탄한 원래의 피부로 회복된다.

1) '탄미제(彈美劑)'

병풀, 차전초, 지모, 월견초는 상처를 빠르게 낫게 하는 식물이다. '탄미제(彈美劑)'는 이 식물들을 개별 숙성하고, 숙성액의 농도, 배합 순서, 피부에 잘 스며드는 방법을 조절해서 빚은 것이다.

『본초강목(本草綱目)』에는 '탄미제(彈美劑)'의 중심 식물에 대해 아래와 같이 설명한다.

> 주치증상: 종기와 심한 부스럼, 陰(음)이 손상되고 살이 괴사되는 것, 胃(위)에 邪氣(사기)가 침입한 것, 부스럼이 잘 낫지 않는 것을 치료한다.

아래와 같은 설명도 덧붙여져 있다.

> 別錄(별록): 피가 나는 구멍에 이르러 그 구멍을 메워서 채우기 때문에 피가 그치게 된다.

2) '탄미제(彈美劑)'의 효능

'탄미제(彈美劑)'를 바르면 리프팅한 것 같이 얼굴이 작아졌다는 사람들이 많다. 피부에 관련된 학술 자료들을 자세히 살펴보면, "여성들의 피부는 대부분 화장품에 든 계면활성제에 각질이 녹아서 모공에 미세한 염증이 생기고, 미세한 붓기가 있는 상태…"와 같은 내용을 발견하게 된다.

이렇게 염증이 있는 피부에 '탄미제'를 사용하면, 미세한 상처가 회복되면서 건성 피부에서 벗어나게 된다. 미세한 상처가 치료되어 붓기가 가라앉으면, 리프팅한 듯 맑고 탄탄한 원래의 피부로 회복된다.

4. '윤부제(潤膚劑)'

메마르고 건조한 피부가 촉촉한 피부로 변합니다.
건조하고, 거칠어진 피부에 윤기가 되살아납니다.

1) 주름과 노화에 관한 동양의학적 해석

① 피부는 기혈(氣血)의 놀이터

기혈(氣血)은 인체 생리의 기초적 대사물질이다. 기혈은 피부를 순행하여 인체의 생리를 운용한다. 기혈이 제대로 소통될 때 피부는 잡티 없이 깨끗이 유지된다.

② 피부는 진액의 윤기를 먹고 사는 곳

진액이 충실하게 차 있으면 피부에 윤기가 드러난다. 윤기는 신장 계통 기능이 왕성하다는 것을 보여 준다. 나이가 들수록 피부가 거칠어지는 것은 진액을 생산하는 신장 기능이 위축되기 때문이다.

2) 주름의 원인(내적요인)

나이가 들수록 신장 기능이 위축되어 진액 생산이 부족해지고, 폐와 기관지가 약해져서 피부에 기혈 공급이 부족하게 된다. 피부는 메마르고 윤기가 떨어지면서 주름이 생긴다.

3) 조선 왕실의 노화해소제

우혈윤부음(牛血潤膚飮)이란 조선 왕실의 여자들이 노화로 생기는 고조소증(枯燥瘙症, 피부가 메마르고, 건조하고, 윤기가 없고 거칠어지면서 가려움증 등이 나타나는 증상)에 대한 대책으로 폐와 기관지, 신장을 보(補)하기 위해 처방받았던 약재다.

4) '윤부제(潤膚劑)'

우혈윤부음(牛血潤膚飮)의 28가지 처방 약재를 개별 숙성해서, 보습, 발림성, 피부 개선 등을 돕는 식물효능액을 배합한 것이다. '윤부제'는 나이가 들면서 건성으로 변해 가던 피부에 촉촉한 기운을 되살아나게 해 준다.

5) 최고의 천연보습인자

시중의 모든 보습화장품의 주원료는 미세한 실리콘의 일종인 프탈레이트로, 외부에서 피부를 축축하게 덮어서 건조감을 덜 느끼게 하는 것에 지나지 않는다.

'윤부제'를 사용하면서 피부의 내부에서 나오는 촉촉한 유분기는 피부 생리학적인 의미에서 효능이 훨씬 좋은 진정한 천연 보습 성분이다!

5. '지선제(地仙劑)'

피부의 거뭇한 얼룩이 단정하게 정리됩니다.
피부톤이 아기 피부처럼 맑고 부드럽게 변합니다.

클레오파트라의 맑은 피부결의 비밀은 상한 나귀 젖이라고 한다. 그녀는 여행길에도 수십 마리의 나귀를 몰고 가서 약간 상한 나귀 젖으로 목욕했다. 약간 상한 나귀 젖에서 나오는 성분이 바로 AHA이다.

지선전(地仙煎)은 조선 시대 지체 높은 집안에서 '유장(whey)'과 은행, 산약, 천궁, 숙지황 등을 숙성시켜서 만들던 약재였다. 이를 발효, 숙성과정을 거쳐 현대적으로 해석한 화장수가 '지선제(地仙劑)'이다. '지선제'는 소의 젖을 발효, 숙성하는 과정에서 나오는 유장을 사용한다는 점에서 클레오파트라의 상한 나귀 젖 미용법과 원리적인 유사점이 있다.

AHA는 각질의 여분 층을 연화시켜 자연 탈락시키고 새 각질이 빨리 돋아나게 해서 아기 피부(Baby face) 효과가 나게 한다. (*각질은 23~25겹 정도가 정상인데 얼굴 각질이 27~28겹일 경우, 2~ 3겹은 여분 층이다!)

AHA의 또 다른 기능은 피부 표면에 엉긴 기미, 잡티와 같은 멜라닌 덩어리를 해소하는 것이다. '지선제'는 피부에 작용하는 힘이 강하므로 골프를 치는 등과 같은 오랜 시간 햇볕에서 활동하는 날 아침에는 사용하지 않고 저녁에만 사용하는 게 좋다. '지선제' 사용으로 피부가 맑고 연하게 변해 있어 평소보다 더 잘 타기 때문이다.

평소에도 보습제를 바르지 않으면 심하게 당길 정도로 악건성, 민감성인 사람은 피부에 미세한 상처가 많다. 화장품이나 클렌징크림 속의 계면활성제가 피부의 보호막인 각질을 녹였기 때문이다. 따라서 미세한 상처 치료용 '탄미제'로 적응 단계를 거치고 난 후 사용해야 제대로 효과를 볼 수 있다.

6. '지증제(脂增劑)' – 지방세포증식제

피부 표면의 미세한 잔주름이 채워집니다.

탄력 있는 피부로 변합니다.

'지증제'는 천연두 자국 해소제로 사용되던 처방(祕方)이었으나 현대에는 천연두에 걸려 곰보가 되는 사람이 없다 보니 용도가 모호해졌다. 그러나 여드름 자국 같은 패인 상처 자국 해소에 독특한 효과가 있다는 것을 발견했다.

천연두나 패인 상처 자국이 해소되는 것은 피부 표면의 지방세포 수가 증식되면서 살이 차오른다는 말이다.

잔주름은 자외선, 오일, 화학물질 등을 과용하면서, 그리고 노화에 따라 피부 표면의 지방세포 수가 감소하면서 생기는 현상이다. '지증제'는 피부의 지방세포 수를 증식시켜서 피부 표면의 노화를 해소한다.

프랑스 '세더마' 사에서 '지중제'의 중심성분인 Anemarrhena asphodeloide라는 식물 추출물에 하이드로제네이트와 폴리이소부텐이란 화학물질을 섞은 보르피린을 만들어서 세계적인 특허를 냈다. '세더마' 사의 임상실험에서 10% 농도액을 2달간 하루 2회 발랐더니 "노출된 부위의 지방분자가 120% 이상 증가할 정도로 탄력성을 강화하는 효과가 뛰어났다"고 발표했다.

- '세더마' 사의 요란한 임상실험 결과와는 달리 보르피린을 첨가한 화장품 사용자들의 반응은 시큰둥하다. 그럴 수밖에 없는 이유는 화장품에는 임상실험에서 사용한 것과 같은 식물에서 추출한 자연물이 아니라 '천연유래원료'라는 화학물질을 사용하기 때문이다.(제9장 '피부용 위험물질 - 화학화장품' 참조) 또한, 실제 첨가량도 보통 0.1~ 2% 정도밖에 되지 않는다.
- '지중제'는 천연두 자국 해소에 사용하던 식물인 Anemarrhena asphodeloide 종 식물을 숙성해 만든, 50% 이상 높은 농도의 식물효능액이 중심성분이다. '지중제'를 사용한 실험 참가자 다수는 잔주름 해소에 유의미한 효과가 있다는 반응이다. 피부의 지방세포가 증식됨에 따라 탄력 있는 피부로 변했다는 보고가 많다.

7. ‘Chao-Reum’(바르는 필러)

1) 콜라겐

콜라겐은 긴 실 형태의 섬유상(纖維狀) 단백질이다. 콜라겐은 피부 진피층 80~90%를 차지하며, 표피가 내려앉지 않도록 지탱하는 역할을 한다.

30대 즈음이면 콜라겐 합성이 줄어들면서 얼굴 윤곽이 변해 간다.

40대부터는 콜라겐 합성이 급격히 줄어들면서 탄력이 떨어지고, 주름이 생기기 시작한다.

콜로이드 형태의 식물성 콜라겐이 충실한 ‘차오름’은 피부에 균등하게 스며들어 균형 잡힌 얼굴 윤곽 회복에 도움이 된다.

2) 필러의 문제점

필러는 시술 직후에는 마술처럼 얼굴이 차오른 듯하지만, 그로 인해 표정이 사라져 버린 사람들을 매일같이 TV에서 볼 수 있다. 한정된 개수의 침으로 한정된 곳에만 주입하는 시술 후 시간이 흐르면서 ‘안면 비대칭’ 같은 부작용으로 속상해하는 사람도 주변에서 드물지 않게 볼 수 있다.

3) 1달톤(Da) - 머리카락 10만 분의 1의 굵기

입자 크기가 500달톤(Da) 이하면 계면활성제 없이도 피부에 스며든다는 것이 화장품업계의 정설이다. 물이 피부에 스며드는 것도 입자 크기가 500(Da) 이하이기 때문이다.

동물성 콜라겐은 입자 크기가 3000~5000달톤(Da) 내외, 어류 콜라겐도 입자 크기가 2000~3000달톤(Da) 내외이므로 흡수율은 2% 내외이며, 나머지는 장(腸)으로도 흡수되지 못하고 다 배설된다.

4) 식물성 콜라겐이 충실한 '차오름'

입자 크기가 300~400달톤(Da)인 식물성 콜라겐을 계면활성제 없이도 물이 피부에 스며들 듯 피부에 고르게 스며들도록 할 수 있다면 필러의 단점이 해결될 수 있지 않을까?

'차오름'은 식물성 콜라겐이 콜로이드 형태로 충실하니 피부에 쉽게 스며들어 균형 잡힌 얼굴 윤곽을 회복할 수 있지 않을까? 실제로 식물성 콜라겐이 충실한 '차오름' 효능 테스트에 참여한 다수가 유의미한 결과가 있었다는 보고가 계속되었다.

8. '나무그늘'

화학물질을 첨가하지 않은 식물재료 화장수이다.

고욤, 도토리, 녹차, 떫은 감과 같은 탄닌, 카로티노이드를 많이 함유한 식물효능액이 중심성분이다. 약간 당기는 듯한 미세한 식물섬유막이 형성되면서 '나무그늘'처럼 자외선을 가리고, 피부를 보호하는 강한 자외선 차단제이다.

작열감이나 트러블 같은 부작용을 일으키는 원인 성분인 '옥시벤존', '티타늄디옥사이드' 등의 유해 화학 성분을 사용하지 않고, 식물 효능 성분(phytochemicals)만으로 다듬었으므로 민감하고 예민한 피부도 트러블이나 부작용 걱정이 없다 .

Non-Oil 제품이다. 가볍고 열감이 없으며, 물 세안만으로 간단히 씻긴다.

기초화장의 마무리단계에 바른다. 햇볕에 장시간 노출 시 2~3시간 간격으로 보충이 필요하다. 색조 위에 사용해도 좋다.

9. '눈썹영양제(Long Eyelashes)'

굴거리나무, 비자열매, 해인초, 정향, 층층나무 등 구리, 아연, 게르마늄, 식이유황 함량이 높은 식물과 해초를 긴 시간에 걸쳐 먼 거리를 오가며 채집하고, 피부에 잘 스며들도록 오랫동안 숙성한 식물효능액으로 '눈썹영양제(Long Eyelashes)'를 만들었다.

선명하고 검은 눈썹으로 자신감을 가지세요!

탈모, 관절염, 고혈압, 비만 같은 이상 현상은 과식이나 나쁜 음식을 먹고 제대로 배설하지 못한 노폐물이 몸에 쌓였거나, 영양(미네랄)의 결핍 때문이라는 자연요법 학자들의 연구논문들이 최근 들어 부쩍 많이 발표된다. 즉, 올바르게 배설하거나, 결핍된 미네랄을 채워 주면 문제가 해결된다는 것이 자연요법의 원리이다.

모발이나 눈썹이 빈약한 경우도 구리, 아연, 게르마늄, 식이유황 같은 몸속 미네랄 몇 가지가 고갈되었기 때문이다.

제약회사에서 나온 미네랄을 먹어도 문제가 해결되지 않는 이유는 그 재료를 광물에서 취했기 때문이다. 광물은 돌과 같은 무기물이며 사람은 무기물을 흡수하지 못한다. 사람의 장이나 피부는 식물이 실뿌리로 흙 속의 무기물을 흡수해서 유기물로 변화시킨 미네랄만을 흡수할 수 있다.

고전 의학에서 다양한 약초를 사용했던 것은 현대에 와서 보면 환자에게 결핍된 미네랄이 들어 있는 식물을 활용한 것으로 보면 된다.

'눈썹영양제(Long Eyelashes)'는 눈썹에 꼭 필요한 미네랄 함유량이 높은 식물들을 통해 결핍된 미네랄을 채워 주면서 눈썹에 생긴 문제를 해결한다.

10. '들꽃純비누'

- 오랜 숙성 기간을 거친 '들꽃純비누'는 세정력과 동시에 촉촉한 보습력도 있다.
- '들꽃純비누'는 시간이 지날수록 무게가 조금씩 줄어들고 단단하게 변한다.
- '들꽃純비누'는 피부 상태별로 아래 6종이 출시되었다.

① 트러블용 비누 ② 탄미제 비누 ③ 지선제 비누 ④ 모공축소 비누 ⑤ 높은 농도 비누 ⑥ 탈모, 염색 비누

1) '들꽃純비누'

'들꽃純비누'는 오일과 알칼리(가성소다)가 비누화과정을 거치고, 결과물로 세정력을 가진 '비누분자'와 보습력을 가진 '글리세린'이 형성된 것이다.

"촉촉하다"는 사용자들의 말은 '들꽃純비누'가 오랜 숙성 기간을 거치면서 보습 성분을 가진 글리세린이 충실하게 응축된 비누이기 때문이다. 시간이 지날수록 무게가 조금씩 줄어들고 단단하게 변한다.

2) 천연비누의 숙성기간

비누화 과정 이후 알칼리(가성소다)가 모두 없어지고 글리세린이 응집되는 과정을 '숙성' 기간이라 한다. 이 기간은 오일이나 유효성분의 배합에 따라 차이가 있지만, 짧게는 3~4주, 길게는 몇 달이 걸린다. 이 기간을 거치면 비누의 글리세린 함량이 높아지고, 단단하게 변하며, 유효성분의 효능도 우러나오게 된다.

3) 공장 비누에 글리세린이 없는 이유는?

글리세린이 비누를 무르게 하기 때문이다. 비누가 물러지면 이동 및 보관이 어려워지고, 단단한 비누로 굳는 긴 숙성기간 동안 유통할 수 없으니 경제성이 떨어진다.

공장 비누는 글리세린을 제거하고 비누 분자만 택하여 숙성기간 없이 속전속결로 만든다.

글리세린이 제거된 공장 비누는 보습성은 없고, 세정력만을 가진 비누가 된다.

세정력만을 가진 비누로 세안하면 얼굴에 유분막이 너무 과하게 제거되어 피부는 건조해지고 거칠어진다.

아무리 물을 많이 마시고 미스트를 뿌린다 해도 피부에 적정량의 유분이 없다면 피부는 수분을 머금기 힘들어진다.

11. '식물효능샴푸'

1) 두피가 더운 현대인

수승화강(水昇火降)은 차가운 기운은 머리로 오르고, 따뜻한 기운은 아래로 내려가야만 건강을 유지할 수 있다는 동양의학의 원리이다.

나쁜 식생활, 나쁜 화학물질 등과 많은 고민에 빠져 사는 현대인은 머리가 더워지면서 건강의 문제 외에도 두피트러블, 탈모 등의 문제를 겪으며 산다.

동양의학은 두피를 논의 바닥처럼, 머리카락을 논에서 자라는 벼처럼 본다. 논바닥이 뜨거우면 벼가 건강하게 살아갈 수 없는 것과 같은 원리로 두피가 더우면 두피에 열꽃이 피며, 모발이 건강하지 못하고 가늘어지면서 탈모가 시작된다.

2) '식물효능샴푸'

'식물효능샴푸'는 부작용이 많은 석유계 합성계면활성제를 사용하지 않는다. 대신 '코코글루코사이드'를 사용한다. 코코넛오일에서 추출한 코코글루코사이드는 위험성이 가장 낮은 수준으로 평가받은 천연계면활성제다. 그 외의 잡다한 화학물질 대신 장시간 숙성시킨 식물효능액을 사용한다.

3) 숙성된 식물효능 성분의 효과

- 박하, 금은화, 소루쟁이, 한련초, 쑥부쟁이 같은 차가운 성질의 식물을 잘 다스린 효능액이 두피의 열을 해소한다.
- 두피트러블을 깨끗하게 해소한다.
- 손상된 모발을 빠르게 회복시킨다.
- 탈모가 진행되면서 가늘어진 모발에 힘이 생기고, 죽어 가는 잠재모공을 살려서 머리카락이 송송 돋아난다.

두피트러블용, 손상 모발용, 힘없는 모발용(탈모용) 3가지가 있다.